あたらしい 脳科学と人工知能の教科書

我妻 幸長 ____ 著

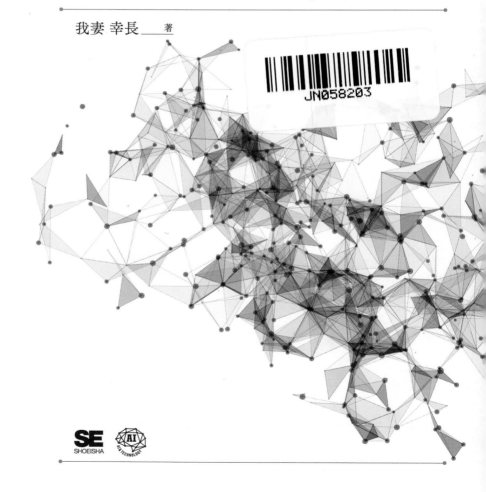

JN058203

SE SHOEISHA　AI TECHNOLOGY

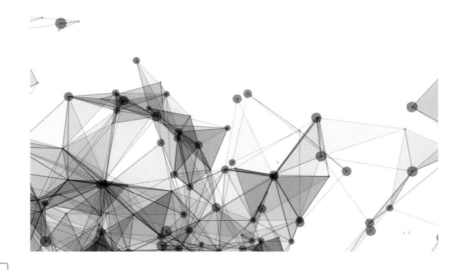

はじめに

本書は「脳科学」と「人工知能」を
ボーダーレスに解説します。
知識と洞察力を身に付け、
この可能性に溢れた領域に
親しめるようになりましょう。

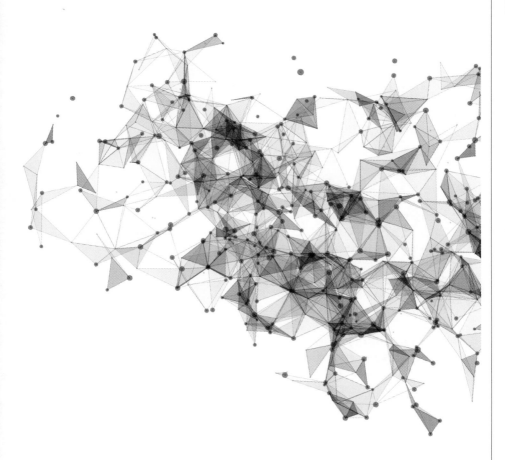

2020年12月吉日

我妻幸長

本書内容に関するお問い合わせについて

このたびは翔泳社の書籍をお買い上げいただき、誠にありがとうございます。

弊社では、読者の皆様からのお問い合わせに適切に対応させていただくため、以下のガイドラインへのご協力をお願いいたしております。

下記項目をお読みいただき、手順に従ってお問い合わせください。

ご質問される前に

弊社Webサイトの「正誤表」をご参照ください。これまでに判明した正誤や追加情報を掲載しています。

正誤表　https://www.shoeisha.co.jp/book/errata/

ご質問方法

弊社 Web サイトの「刊行物Q&A」をご利用ください。

刊行物 Q&A　https://www.shoeisha.co.jp/book/qa/

インターネットをご利用でない場合は、FAXまたは郵便にて、下記翔泳社愛読者サービスセンターまでお問い合わせください。電話でのご質問は、お受けしておりません。

回答について

回答は、ご質問いただいた手段によってご返事申し上げます。ご質問の内容によっては、回答に数日ないしはそれ以上の期間を要する場合があります。

ご質問に際してのご注意

本書の対象を越えるもの、記述箇所を特定されないもの、また読者固有の環境に起因するご質問等にはお答えできませんので、予めご了承ください。

郵便物送付先およびFAX番号

送付先住所　〒160-0006　東京都新宿区舟町5

FAX 番号　03-5362-3818

宛先　㈱翔泳社 愛読者サービスセンター

INTRODUCTION 本書のAppendix1のサンプルの動作環境とサンプルプログラムについて

　本書のAppendix1のサンプルは 表1 の環境で、問題なく動作することを確認しています。

表1 実行環境

項目	内容
ブラウザ	Google Chrome：バージョン：87.0.4280.66（Official Build）（64 ビット）
実行環境	Google Colaboratory

付属データ（Appendix1のサンプル）のご案内

　付属データ（Appendix1のサンプル）は、以下のサイトで実行できます。

- ライフゲーム
  URL https://github.com/yukinaga/brain_ai_book/blob/master/lifegame.ipynb

- トーラス上のニューラルネットワーク
  URL https://github.com/yukinaga/brain_ai_book/blob/master/neural_network_on_torus_1.ipynb

- 恒常性の導入
  URL https://github.com/yukinaga/brain_ai_book/blob/master/neural_network_on_torus_2.ipynb

- 馴化の導入
  URL https://github.com/yukinaga/brain_ai_book/blob/master/neural_network_on_torus_3.ipynb

- ヘブ則の導入
  URL https://github.com/yukinaga/brain_ai_book/blob/master/neural_network_on_torus_4.ipynb

付属データ（Appendix1のサンプル）の著作権と注意事項

　付属データ（Appendix1のサンプル）に関する権利は著者が所有しています。許可なく配布したり、Webサイトに転載したりすることはできません。

　付属データ（Appendix1のサンプル）の提供は予告なく終了することがあります。予めご了承ください。

会員特典データのご案内

会員特典データは、以下のサイトからダウンロードして入手いただけます。

- 会員特典データのダウンロードサイト
  URL https://www.shoeisha.co.jp/book/present/9784798164953

注意

会員特典データをダウンロードするには、SHOEISHA iD（翔泳社が運営する無料の会員制度）への会員登録が必要です。詳しく、Webサイトをご覧ください。

会員特典データに関する権利は著者および株式会社翔泳社が所有しています。許可なく配布したり、Webサイトに転載したりすることはできません。

会員特典データの提供は予告なく終了することがあります。予めご了承ください。

免責事項

会員特典データの記載内容は、2020年12月現在の法令等に基づいています。

会員特典データに記載されたURL等は予告なく変更される場合があります。

会員特典データの提供にあたっては正確な記述につとめましたが、著者や出版社などのいずれも、その内容に対して何らかの保証をするものではなく、内容やサンプルに基づくいかなる運用結果に関してもいっさいの責任を負いません。

会員特典データに記載されている会社名、製品名はそれぞれ各社の商標および登録商標です。

会員特典データの著作権について

会員特典データの著作権は、著者および株式会社翔泳社が所有しています。個人で使用する以外に利用することはできません。許可なくネットワークを通じて配布を行うこともできません。商用利用に関しては、株式会社翔泳社へご一報ください。

2020年12月

株式会社翔泳社　編集部

CONTENTS

Chapter 2 脳の構造　　　　　　　　　　029

Chapter 3 脳における演算と記憶　　　　067

Chapter 4 脳と人工知能   087

Chapter 5 「意識」の謎を探る　　　　　　　　　　121

Chapter 6 アルゴリズムによる 「意識」の探究   145

Chapter 7 脳科学と人工知能の未来   173

Appendix1 シミュレーションの実行方法   183

Appendix2 さらに学びたい方のために   191

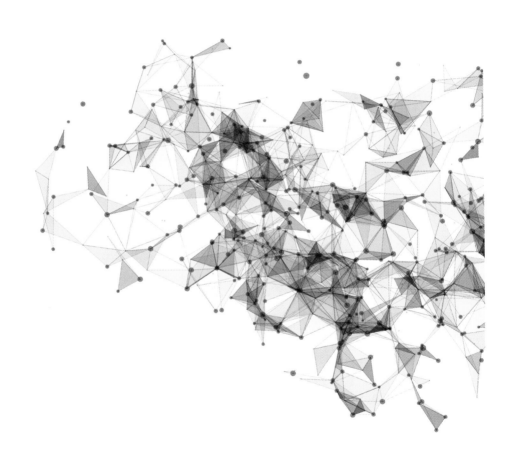

ヒトと機械の知能が共生する未来、もしくは脳と人工知能が共存する未来はそれほど遠くないように思えます。

ヒトの脳は既知の宇宙で最も複雑な物体であり、知性の根源です。この脳が持つ機能のたとえ一部であれコンピュータで再現することができれば、人類に少なくない恩恵がもたらされます。人類は脳の持つごく表層的な機能を人工知能（AI）として模倣しているに過ぎませんが、人工知能は現在世界中の人々の関心を集めており、ビジネス、アート、様々な分野の研究、さらには宇宙探索に至るまで、多様な分野で活用され始めています。

本書の特徴の1つは、このような「脳」と「人工知能」をボーダーレスに学べる点です。脳と人工知能、それぞれの概要から始まり、脳の各部位と機能を解説した上で、人工知能の様々なアルゴリズムとの接点を見ていきます。そして最終的には、「意識」の謎の探究に至ります。本書は、21世紀において最も重要な教養の1つ「脳科学」、および「人工知能」の基礎を解説すると共に、「知能」そのものに対する洞察力と自分なりの哲学を育みます。脳科学と人工知能の接点を学び、あたらしい時代のあらたなフロンティアの存在を知っていただくことが本書の目的です。

なお、本書を読み進めるにあたって、プログラミングや数学に関する知識は基本的に必要ありません。理系でない方でも読めるように、数式を使った解説は可能な限り少なくしています。

脳と人工知能の接点、そこにはとても興味深く、可能性に溢れた領域が存在します。知識と洞察力を身に付けることで、この領域に親しめるようになりましょう。

0.1 本書の対象

本書の対象は、例えば以下のような方です。

- 人工知能に強い関心があり、人工知能の背景にある天然の「知能」の仕組み について知りたい方
- 人工知能に関して、技術面以外の知識、特に生物学的側面を知りたいエンジ ニア
- 人工知能の未来と、自身のキャリアを関連付けて考えたいビジネスマン
- 素朴に、「ヒトって何？」という疑問のある方
- 知性の本質をアルゴリズムで探究したい方

また、以下のような方は本書の対象ではありませんのでご注意ください。

- コードによる実装を学びたい方
- 人工知能の数学的背景を学びたい方
- 脳の解剖学的知見を深く学びたい方
- 脳の疾患について学びたい方
- 詳細に網羅する、百科事典的な内容を期待している方

0.2 本書の構成

本書は、Chapter1「脳科学と人工知能の概要」から始まります。ここはコー スの導入ですが、脳科学と人工知能、それぞれについて概要と歴史を解説します。

次に、Chapter2は「脳の構造」を扱います。脳の各部位、および脳を構成す る細胞や、脳の進化の歴史などについて解説します。そして、Chapter3、「脳に おける演算と記憶」では、脳の演算と記憶に関わる部位と、それらの仕組みにつ いて学びます。シナプスの可塑性や神経伝達物質などについてはここで解説し ます。

その次のChapter4では、「脳と人工知能」の接点を扱います。ここでは、 ニューラルネットワークや強化学習など様々な人工知能のアルゴリズム、および 脳と人工知能の接点について解説します。

Chapter5は、『「意識」の謎を探る』Chapterです。「意識」の謎を探究し、意識を人工的に再現できる可能性について考察します。そして、ここまでの内容を踏まえてChapter6『アルゴリズムよる「意識」の探究』に入ります。大脳を参考にコンピュータ上のネットワークを構築し、ネットワークの内部世界を観察します。

最後のChapter7では、「脳科学と人工知能の未来」について少しだけお話しします。

0.3 　本書の読み方

本書はプログラミングや数学の知識がなくても読めるように書かれていますが、Chapter6には動画および簡単に実行可能なシミュレーションへのリンクが記載されています。文章や静止画ではわかりにくい箇所もありますので、理解を深めるためにぜひこれらをご活用ください。シミュレーションの実行方法はAppendix1に記載されていますが、プログラミングの知識がなくても簡単に実行できます。

また、各Chapter（Chapter6を除く）の最後には簡単なテストがあります。復習や知識の整理のためにご活用ください。

今後、ヒトが創り出した知能が世界により大きな影響を与えるようになるのは間違いありません。そのような意味で、本書を読了した方は脳科学と人工知能の接点にとてつもなく大きな可能性を感じるようになるのではないでしょうか。ぜひ、脳科学と人工知能の接点に対する、想像力、洞察力を深めていただければと思います。

それでは、一緒に脳科学と人工知能の世界を探検していきましょう。

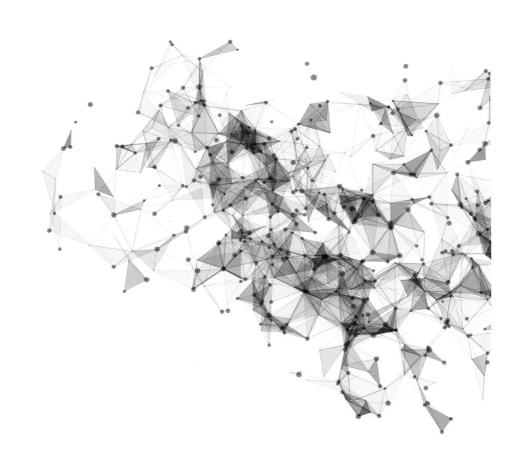

Chapter 1 脳科学と人工知能の概要

Chapter1では、本書の導入として脳と人工知能の概要について
それぞれ解説を行います。脳とは何か？　その概要について説明
した上で、これまで人類が育んできた脳科学の歴史について解説
します。また、人工知能についてもその概要を解説し、3回に及
ぶAIブームを中心に人工知能の歴史を俯瞰していきます。

1.1 脳の概要

最初に脳の概要について解説します。脳について学ぶにあたって、まずはその概要を把握しておきましょう。

①-①-① 脳とは？

そもそも、「脳」とは何でしょうか？　まずは「神経系」という言葉から解説を始めます。神経系とは、多数の神経細胞の接続により形成され、動作の制御や外部との情報のやり取り、内部での演算などを行う動物の器官のことです。ごく原始的な動物以外は、この神経系を備えています。

脳は、動物の頭部にある神経系の中枢です。神経細胞が集中しており、生きるために必要な高度演算が行われます。他の動物と比較してヒトの脳は極端に発達しており、独自の世界が内部に形成されています。そのため、想像したり、計画したり、言語を使ってコミュニケーションする能力は、ヒトが飛び抜けています。

また、感覚や運動などの入出力がなくても、脳は自発的な活動を継続しています。たとえ睡眠中であっても、脳の活動は止まることはありません。

このようなヒトを含む動物の脳について研究する分野が、「脳科学」です。

①-①-② 脳の驚異

ここで、脳の驚異的な性質を紹介します。脳は感情、思考、意識などのヒトの精神活動において、最も重要な役割を担っています。脳以外でも身体中に神経系は行き渡っていますが、脳ほど高度な処理は行われていません。

脳の重量は体重の2%程度ですが、消費カロリーの25%程度を占めます。高度な機能を発揮するために、エネルギー消費量が非常に多いのも特徴的です。他の種と比較して非常に多くのリソースを脳に割いており、ヒトは脳に大きな投資をした結果、大成功した動物と考えることもできます。

また、脳は高度な言語を扱うことができて、集団での協調や文化の伝播、伝承を可能にします。人類の文明や国家がここまで発展したのも、ある意味脳のおかげです。そして、自然のメカニズムの理解による、高度な道具の使用も可能にします。科学技術の発達は、脳が備える物事を理解し抽象化する能力によるところが大きいです。

　しかしながら、人類の叡智を集めても脳の仕組みはまだごく一部しかわかっていないのが現状です。ある意味、脳は観測可能な宇宙の中で最も高度で複雑な機能を持った領域なのかもしれません。

📝 **MEMO**

エレファントノーズフィッシュ

脳の酸素消費量の割合に関しては、ヒトを上回る生き物が存在します。ナイル川流域などに生息するエレファントノーズフィッシュという魚です。突き出した下顎が象の鼻のように見えるのでこの名前が付けられました。エレファントノーズフィッシュの体に対する脳の重量比率は3%ほどですが、2%前後の人間を上回ります。脳による酸素消費量の割合は60%ほどで脊椎動物中最大であり、20%程度であるヒトを大きく上回ります。電場を発生させたり検知することができるのですが、そのために必要な脳が大きく発達したようです。

---

1 1 3 脳の構造

　次に、脳の構造についておおまかに解説します。脳全体には約1,000億個の「神経細胞」があり、さらにその10倍程度のグリア細胞が存在します。この神経細胞のネットワークが主に記憶や演算を担い、グリア細胞は主にこれをサポートすると考えられています。

　脳全体は、**図1.1** に示すように大きく大脳、間脳、脳幹、小脳の4つの領域に分けられます。

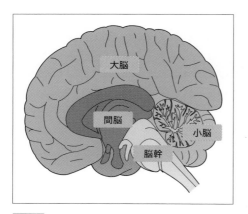

図1.1 脳の4つの部位

それぞれの部位は次のような役割を担っています。

- 大脳：情報の高度な統合、意識、記憶など
- 間脳：感覚の中継、内臓の制御など
- 脳幹：生命機能の維持、情報の中継、反射など
- 小脳：運動の制御、感覚情報の評価など

　大脳はヒトの脳において特に発達した部分で、左右の半球からなり表面に複雑な溝があります。大脳では主に情報の高度な統合、意識、記憶などを担います。
　また、間脳は大脳と多くの線維で結ばれており、嗅覚を除く感覚の中継を行います。自律神経やホルモンなどを使って内臓全体をコントロールします。
　脳幹の役割は間脳と似ており、呼吸、循環など体の基本的な活動をコントロールすると共に、知覚情報を大脳皮質に中継したり、末梢に向かう運動指令を中継します。また、脳幹は刺激に素早く反応する反射も司ります。
　最後に小脳ですが、筋肉や関節、内耳や大脳などからの情報を受けて、運動の強さやバランスなどを計算して運動を制御します。また、小脳は感覚器から受け取った情報の評価なども担っています。
　以上は脳の領域のおおまかな区分けですが、脳の部位はさらに細かく分類することが可能で、それぞれが異なる機能を持っています。これらについて、詳しくはChapter2で改めて解説します。
　このような脳のメカニズムを少しでも取り出して転用することができれば、人類に大きな進歩がもたらされることは想像に難くありません。人工知能はまさにそのような分野であり、近年大きな注目を集めています。

1.2　脳科学の歴史

　ここでは、西洋を中心に脳科学の歴史について概要を解説します。脳科学がどのような流れで発展したのか、その流れを押さえておきましょう。

1-2-1　古代エジプト

　最初に、古代エジプトにおける脳の扱いについて解説します。
　紀元前17世紀、古代エジプトの医学書『エドウィン・スミス・パピルス』に脳

に関する記述があります。 図1.2 の写真は、この『エドィウィン・スミス・パピルス』です。

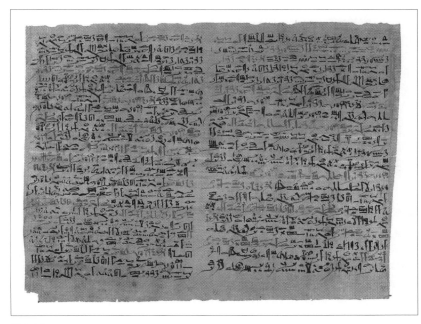

図1.2 エドウィン・スミス・パピルス

出典 https://ja.wikipedia.org/wiki/エドウィン・スミス・パピルス より引用（パブリックドメイン）

　古代エジプト人は人体に対するある程度の知識を持っていたのですが、これはミイラ作りを通して人体に詳しくなったためと考えられています。しかしながら、古代エジプト人は、脳は重要ではなく心臓に心が宿ると考えたため、ミイラ作りの際に脳は捨てていたようです。

①-②-② 古代ギリシア、ローマ

　次に、古代ギリシア、ローマです。紀元前5世紀、ギリシアの「医学の父」ヒポクラテスは、てんかんの原因が脳にあることを指摘しました。図1.3 はヒポクラテスの胸像です。

図1.3 ヒポクラテス

出典 `https://ja.wikipedia.org/wiki/`ヒポクラテス より引用（パブリックドメイン）

　ヒポクラテスの著書に、「脳によってわれわれは思考し、見聞し、美醜を区別し、善悪を判断し、快不快を覚える」との記述があります。

　また、紀元前4世紀、古代ギリシアを代表する哲学者のプラトンは脳を心の座としました。しかしながら、その一方プラトンの弟子で万学の祖と呼ばれるアリストテレスは、脳は体の冷却装置に過ぎないと過小評価していたようです。

　そして、紀元前170年頃、古代ローマの医者ガレノスは人類史上はじめてヒトの脳を解剖しました。ガレノスは、多くの動物解剖を通じて、大脳が感覚を受容し、小脳が筋肉を制御しているのではないかと推測しました。これは、現代の脳科学ともある程度整合性のある指摘です。

1-2-3 ルネサンス、近世

　次に解説する時代は、ルネサンスと近世です。中世は宗教的理由で解剖が禁止されており、脳科学に目立った発展がないのでここでは省略します。

　15世紀から16世紀にかけて、イタリアの芸術家・科学者レオナルド・ダ・ヴィンチは、人体の解剖で得られた知識により脳の解剖図を描きました。ただ、ダ・ヴィンチが人体を解剖したのは医学的な理由ではなく、芸術家として人体を詳細に描くためであったと考えられています。そのため、脳の機能について深く追究することはなかったようです。

1543年、ベルギーの医師であり解剖学者のヴェサリウスは、脳の詳細なスケッチを含めた解剖学書『ファブリカ』を出版しました。

 図1.4 の絵は『ファブリカ』（解剖学書）に掲載された脳のスケッチです。

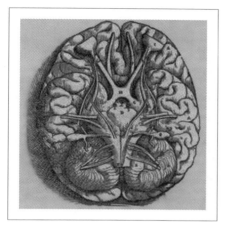

図1.4 『ファブリカ』における脳の図

出典 https://ja.wikipedia.org/wiki/アンドレアス・ヴェサリウス より引用（パブリックドメイン）

このように、ルネサンスの時代から人体解剖が行われるようになり、脳の詳細な構造が知られるようになりました。

また、17世紀、フランスの哲学者デカルトはヒトの体は機械であり、脳にある松果体で脳と体が結ばれて心が作られると考えました。ただ、松果体は現在では単なるホルモンを分泌する器官であることが知られています。

1 2 4 19〜20世紀

次は、19世紀から20世紀です。

1861年フランスの外科医ブローカによるブローカ野の発見、1874年ドイツの神経学者ウェルニッケによるウェルニッケ野の発見、そして、1909年ドイツの神経解剖学者ブロードマンによる脳地図の作成がありました。これらにより大脳を覆う大脳皮質には領域ごとに異なる役割があることがわかりました。

それまでに神経細胞同士がシナプスと呼ばれる箇所で機能的に接続されていることはわかっていました。しかしながら、シナプスでニューロンが直接つながっているというイタリアの医師カミッロ・ゴルジの説と、シナプスでは物理的にはつながっていないというスペインの解剖学者サンティアゴ・ラモン・イ・カハー

ルの説が共存していました。

　この大きな謎についてですが、1932年に発明された電子顕微鏡により神経細
胞同士の接合部にシナプス間隙が観察されたことで決着がつきました。これによ
り、脳内で情報の伝達や記憶の保持が行われるメカニズムについて大きく理解が
進むようになりました。シナプス間隙についてはChapter3で改めて解説しま
す。

　また1952年には生理学者のホジキンとハクスリーによって、カハールの説に
基づく神経の詳細な数理モデル（Hodgkin–Huxleyモデル）が構築されました。

　1992年には日本の物理学者小川誠二が開発したfMRI（functional Magnetic
Resonance Imaging、機能的磁気共鳴画像法）により、生きた脳の変化を血液
流量の変化として容易に調べることが可能になりました（ 図1.5 ）。脳の状態のダ
イナミックな変化を可視化できるようになったことは、脳科学に大きな進展をも
たらしました。

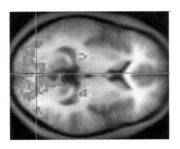

図1.5 fMRIによって測定された脳の活動。移動する物体を見ている際の脳の活動が青色と水色で
示されている

出典 https://ja.wikipedia.org/wiki/FMRI より引用・着色（パブリックドメイン）

①②⑤ 21世紀〜

　最後に、21世紀の脳科学に深く関わるキーワードを2つ紹介します。

　「ブレイン・マシン・インターフェイス」は脳波や脳と電気回路の直結などにより、脳とコンピュータのやり取りをする技術のことです。ブレイン・マシン・インターフェイスは脳の疾患の治療や視覚や聴覚の補助、体が動かせない患者の補助などに期待されていますが、将来的にはスマートフォンなどの外部機器の操作に使われるようになるかもしれません。2020年現在、スマートフォンは指や音声などが入力であり、画面からの視覚情報やスピーカーからの音声が出力ですが、将来脳と直接接続できるのであれば、これらは必要なくなるでしょう。これは外部のデバイスがヒトの脳の一部になると解釈することもできますが、ヒトとAIの境界が曖昧になるとも解釈可能かもしれません。

　「ヒト・コネクトーム」は、ヒトの神経細胞の詳細な接続状態を表す地図のことです。ヒトゲノムの解読は2003年に終了が宣言されましたが、ヒト・コネクトームの解読作業はまだ始まったばかりです。人間の脳には1,000億ほどの神経細胞があり、多数の他の神経細胞と複雑に配線されています。また、配線には個人差も存在し、学習と共に配線は変化するため、ヒト・コネクトームの解読は困難を極めます。そのため、現在接続状態が全てわかっているのは線虫などの単純な種のみです。もしヒト・コネクトームが解明されれば様々な脳疾患の治療につながるだけではなく、ヒトのように思考する画期的な人工知能の開発につながることが期待されます。

　これらの技術に進展があれば、21世紀は我々が脳の潜在力をより活用できる世紀になるのではないでしょうか。

1.3 人工知能の概要

　人工知能の概要について解説します。人工知能に関する様々な概念を、ここで整理しておきましょう。

①③① 人工知能（AI）とは？

　最初に、「人工知能とは何か？」について解説します。人工知能はArtificial Intelligenceの訳ですが、AIとよく略されます。人工知能とは読んで字のごとく

人工的に作られた知能のことですが、そもそも知能とは何でしょうか？　知能には様々な定義の仕方があるのですが、環境との相互作用による適応、物事の抽象化、他者とのコミュニケーションなどの、様々な脳が持つ知的能力のことだと考えることができます。

　脳のような天然の知能は自然環境に適応して生き残っていくために生まれたものですが、人工知能は人間がやっている面倒な仕事を代わりにやってもらうため、あるいは人間の純粋な好奇心から生まれたものです。

　実は人工知能の定義は人によって結構違いがあるのですが、例えば以下のように定義されることがあります。

- 自ら考える力が備わっているコンピュータのプログラム
- コンピュータによる知的な情報処理システム
- 生物の知能、もしくはその延長線上にあるものを再現する技術

　定義の仕方は様々ですが、人工知能の名前の通り、いずれもヒトが作った知能であることには変わりはありません。

1-3-2 汎用人工知能と特化型人工知能

　汎用人工知能、特化型人工知能とは人工知能を分類するための概念です。

　汎用人工知能（Artificial General Intelligence、AGI）は、特定の範囲の問題にのみ対処可能なわけではなく、ヒトと同じように様々な状況で柔軟に対処可能な人工知能のことです。ヒトは、たとえ想定外の出来事であっても、これまでの知識や経験をもとに総合的に考えて問題に対処することができます。また、汎用人工知能は開発者の手を離れて自ら世界を学習し、周囲の状況に合わせて柔軟に行動を決定できるようになります。人類文明を大きく進歩させる可能性があるため、汎用人工知能の実用化は大きな期待を集めていますが、まだ実現には至っていません。

　それに対して、特化型人工知能（Narrow AI）はごく限定された範囲の問題を自動で解決するための人工知能です。顔認識や音声認識、ゲーム用のAIなどで既に我々に身近な技術となっています。

　現在の第3次AIブームにおいて、汎用人工知能は特化型人工知能ほど注目を集めていませんが、少数ながらも世界中の様々なグループが汎用人工知能の実現に向けて研究を進めています。

1-3-3 強いAIと弱いAI

　人工知能は、アメリカの哲学者ジョン・サールが提唱した「強いAI」と「弱い
AI」という概念で分類することもできます[参考文献1]。

　強いAIはヒトの知能に迫るAIのことです。例えば、ドラえもんや鉄腕アトム
などの想像上のAIは強いAIにあたります。強いAIは、ヒトと同じように考えて
行動することができるため、「過去の経験に基づいて想定外の状況を処理し、学習
する」ことができると期待されています。先述の汎用人工知能は強いAIに分類さ
れます。

　弱いAIは限定的な問題解決や推論を行うためのAIです。それゆえに、プログ
ラムされていない予期せぬ状況には対応できません。例えば、チェスや将棋の
AI、画像認識などは弱いAIにあたります。すなわち、弱いAIは人間の知能の一
部分だけを代替して、特定のタスクのみを処理するものです。

　現在地球上で実現されているのは、弱いAIのみで、強いAIは実現されていま
せん。ヒトのような知能を持つAIはたとえスーパーコンピュータでもまだ実現
できないわけですが、近年注目を集めているディープラーニングなどの技術を用
いれば極めて部分的にですがヒト並み、もしくはヒトを凌駕する知能を発揮する
ことがあります。

📝 MEMO

ジョン・サール（1932-）

ジョン・サールは1980年の著書で「適切にプログラムされたコンピュータには精神
が宿る」と主張した「心の哲学」の研究者です。

　一方サールとは対照的に、シンギュラリティ（技術的特異点）の提唱者レイ・
カーツワイルは、哲学者による実際に心を持っているかどうかの判断ではなく、
心を持っているかのように振る舞う人工知能システムに対して「強いAI」という
用語を使用しています[参考文献2]。

1-3-4 人工知能の用途

　特化型人工知能、もしくは弱いAIに分類される人工知能は、現在以下のような
分野で実際に用いられています。

- 画像処理 → 物体認識、画像生成など
- 音声、会話 → 音声認識、会話エンジンなど
- 文章の認識、文章の生成の分野 → チャットボット、小説の執筆など
- 機械制御 → 自動運転、産業用ロボットなど
- 作曲、絵画 → 自動作曲、画風の模倣など

　他にも様々な分野で、特化型人工知能は使われ始めるか、あるいは活用を模索され始めています。まだ汎用性という意味ではヒトなどの生物の知能には遥かにおよびませんが、指数関数的に向上するコンピュータの演算能力を背景として、特化型人工知能は著しい発展を続けています。

　既に、チェスや囲碁などのゲーム、医療用の画像解析、産業用ロボットなどのいくつかの分野では、特化型人工知能はヒトを上回るパフォーマンスを発揮し始めています。ヒトの脳のような極めて汎用性が高い知能を実現することはまだまだ困難ですが、既にいくつかの領域において人工知能は人間の代わり、あるいはそれ以上の役割を果たすようになってきています。

1-3-5 人工知能の分類

　ここで、前述の特化型人工知能、もしくは弱いAIをさらに分類します。この分類はあくまで一例であり、他にも様々な分類の仕方があります。

機械学習

　コンピュータ上のアルゴリズムが学習し、判断を行います。ヒトなどの動物に備わる学習能力と似たような機能を、コンピュータ上で再現しようとします。

遺伝的アルゴリズム

　生物の遺伝子を模倣します。コンピュータ上の遺伝子が突然変異、および交配を行います。

群知能

　群知能は生物の群れを模倣したもので、シンプルなルールにのっとって行動する個体の集合体が、集団として高度な振る舞いをします。

ファジィ制御

　曖昧さを許容したファジィ集合を利用します。ヒトの経験則に近い制御が可能で、主に家電などに用いられています。

エキスパートシステム

　人間の専門家の判断能力を模倣します。知識に基づく推論・アドバイスが可能です。

　その他にも、人工知能に分類されることがあるシステムは数多くあります。

　この中でも機械学習は、近年様々なテクノロジー系の企業が特に力を入れている分野です。機械学習には様々なアルゴリズムがありますが、以下にそのうちのいくつかを紹介します。

ニューラルネットワーク

　脳の神経細胞ネットワークがモデルとなっています。第3次AIブームの主役であるディープラーニングのベースです。

強化学習

　試行錯誤を通じて「環境における価値を最大化するような行動」を「エージェント」が学習します。強化学習が、例えばゲームでうまく機能した場合、次第にゲームの進め方は開発者の手を離れ、エージェントは開発者自身よりもずっと強くなっていきます。

サポートベクターマシン

　多次元における超平面（3次元における平面の拡張）を訓練し、データの分類を行います。優秀なパターン認識性能を発揮するので、ディープラーニングの登場以前に流行した時期がありました。

K近傍法

　最も近傍にあるK個の点を用いた多数決により分類を行います。最もシンプルな機械学習のアルゴリズムです。

決定木

枝分かれでデータを分類します。ツリー構造を訓練することで、データの適切な予測ができるようになります。

他にも、機械学習に分類されるアルゴリズムには様々なものがあります。

以上のような機械の知能と、天然の知能がどのように交差するのかについては以降のChapterで少しずつ解説していきます。

機械学習は、検索エンジン、機械翻訳、文章の分類、マーケットの予測、DNAの解析、音声認識、医療、ロボットなど幅広い分野で応用されています。応用する分野の特性に応じて、機械学習のアルゴリズムは適切に選択する必要があります。

1 3 6 ディープラーニングの躍進

コンピュータのプログラムで作った人工的な神経細胞によるネットワークがニューラルネットワークですが、多数の層からなるニューラルネットワークを使った機械学習をディープラーニング（深層学習）といいます。ディープラーニングは、現在世界中の人々の関心を集めており、様々な分野で活用され始めています。

ディープラーニングが注目を集める理由にはその高い性能もありますが、その汎用性も注目に値します。ディープラーニングが応用可能な分野ですが、物体認識、翻訳エンジン、会話エンジン、ゲーム用AI、製造業における異常検知、医療における病巣部の発見、資産運用、セキュリティ、流通、自動運転、アートなど枚挙にいとまがありません。これまでヒトのみが活躍できた様々な分野で、部分的ながらもディープラーニングはヒトに置き換わりつつあります。

また、ニューラルネットワークが脳の神経細胞ネットワークを抽象化していることも、ディープラーニングが人々の関心を惹きつける理由の1つでしょう。これにより、脳のような知能を持つ人工知能が実現できるのではないか、という期待感を世間一般から集めているようです。ディープラーニングの仕組みと脳の仕組みは相違点も多いのですが、ニューラルネットワークが高い性能を発揮することは、ヒトの知能は実は人工的に再現可能なのではないか、という希望を我々に抱かせているのではないでしょうか。

ディープラーニングに関しては、Chapter4で改めて解説します。

1 3 7 自然言語処理

ディープラーニングなどの人工知能は、「自然言語処理」（Natural Language Processing、NLP）によく用いられます。自然言語とは日本語や英語などの我々が普段使う言語のことを指しますが、自然言語処理とはこの自然言語をコンピュータで処理する技術のことです。人工知能が人間らしく振る舞う上で、自然言語処理は重要な技術です。

以下は自然言語処理の応用例です。

検索エンジン

Googleの検索エンジンが有名です。快適な検索エンジンを構築するためには、キーワードからユーザーの意図を正しく汲めるように、高度な自然言語処理が必要です。

機械翻訳

例えば日本語を英語に翻訳するような機械翻訳でも、自然言語処理は使われています。言語により単語のニュアンスが異なるため難しいタスクなのですが、次第に高精度の翻訳が可能になってきています。

スパムフィルタ

メールの分類にも自然言語処理は使われています。我々がスパムメールに悩まされずに済むのも、自然言語処理のおかげです。

その他にも、予測変換、音声アシスタント、小説の執筆、対話システムなど、様々な分野で自然言語処理は利用されています。

自然言語処理では、ニューラルネットワークの一種である再帰型ニューラルネットワーク（Recurrent Neural Network、RNN）がよく使われます。RNNは時間変化するデータ、すなわち時系列データを入力や教師データにするのですが、このような時系列データには音声、文章、動画、株価、産業機器の状態などがあります。シンプルなRNNでは長期記憶が保持できないという欠点があるのですが、それはLSTM（Long Short Term Memory）やGRU（Gated Recurrent Unit）などのRNNの派生技術により克服されつつあります。

RNNに次の単語や文字を予測するように学習させれば、文章を自動で生成す

るごとも可能になります。この技術は、チャットボットや小説の自動執筆などに応用されます。しかしながら、RNNは確率的に次の単語や文字を予測しているに過ぎず、文脈や読み手の感情を考慮しているわけではありません。

　人工知能にどのような要素を加えれば人間が読むに値する文章が生成できるのか、世界中で多くの人工知能研究者が挑んでいる課題ですが、語り手としてのAIの腕前はまだまだです。本書を読みながら、ぜひ皆さんも考えてみてください。そのようなAIが実現できれば、きっとヒトとAIの境界は少しずつ曖昧になっていくことでしょう。

1.4 人工知能の歴史

　ここでは、人工知能の歴史について解説します。人工知能がどのような経緯で発展したのか、その流れを押さえておきましょう。

　ここでは、AIの歴史を以下に示す3回のAIブームに沿って解説します。

- 第1次AIブーム：1950年代から1960年代まで
- 第2次AIブーム：1980年代から1990年代半ばまで
- 第3次AIブーム：2000年代から現在まで

　AIにはこれまで3回のブームがあり、その間にAIの冬と呼ばれるAIが振るわない時代がありました。

1・4・1 第1次AIブーム：1950年代～1960年代

　それではまず、1950年代から1960年代までの第1次AIブームについて解説します。

　20世紀前半における神経科学の発展により、脳や神経細胞の働きが少しずつ明らかになりました。これに伴い、一部の研究者の間で、機械で知能が作れないかという議論が20世紀半ばに始まりました。

　「人工知能の父」と呼ばれる人物は2人います。1人はイギリス人数学者アラン・チューリングです（ 図1.6 ）。

図1.6 アラン・チューリング

出典 https://ja.wikipedia.org/wiki/アラン・チューリング より引用（パブリックドメイン）

　チューリングは1947年のロンドン数学学会で、人工知能の概念をはじめて提唱しました。また、1950年の論文で、真の知性を持った機械を創り出す可能性について論じました。

> 📝 **MEMO**
>
> ### アラン・チューリング（1912-1954）
>
> アラン・チューリングは1936年の論文でチューリングマシンという理論上の機械を発表しましたが、これは後に現代のコンピュータの原理へとつながっていきました。他にも、Chapter6で解説するセル・オートマトンと関係が深いチューリング・パターンによる生命のパターンの説明や、ドイツ軍の暗号の解読など様々な業績がある知の巨人です。

　もう1人の人工知能の父は、アメリカのコンピュータ科学者マービン・ミンスキーです（図1.7）。ミンスキーは、1951年に世界初のニューラルネットワークを利用した機械学習デバイスを作りました。

図1.7 マービン・ミンスキー

1956年のダートマス会議は、アメリカの計算機科学者ジョン・マッカーシーが開催したAIに関する最初の会議ですが、ここで「人工知能」という言葉が生まれ、人工知能は学問のあらたな分野として誕生しました。

現在のニューラルネットワークの原型であるパーセプトロンが、アメリカの心理学者フランク・ローゼンブラットによって提唱されたのはこの頃です。神経細胞の活動を模したパーセプトロンの出現は1960年代当時の世界を熱狂させ、第1次ニューラルネットワークブームが発生しました。ヒトの頭脳の働きは電気信号であるためコンピュータで代替可能だという楽観的な期待から、人工知能は一時的なブームとなったのですが、結局はパーセプトロンの限界を指摘するミンスキーなどの声によりわずか10年程度で収束してしまいました。

1-4-2 第2次AIブーム：1980年代～1990年代半ば

次に、1980年代から1990年代半ばまでの第2次AIブームについて解説します。

第1次AIブームから20年後、AIブームは再燃します。エキスパートシステムの誕生により、人工知能に医療や法律などの専門知識を取り込ませ、一部であれば実際の問題に対しても専門家と同様の判断が下せるようになったのです。現実的な医療診断などが可能になったことにより、人工知能は再び注目を集めました。

ところが、エキスパートシステムは結局のところ弱点を露呈してしまいました。人間の専門家の知識をコンピュータに覚えさせるためには膨大な量のルールの作成と入力が必要なこと、曖昧な事柄に極端に弱いこと、ルール外の出来事に対処できないことなどです。これらの問題により、第2次AIブームも一時的なものに留まってしまいました。

しかしながら、このブームの間に、アメリカの認知学者デビッド・ラメルハートによりバックプロパゲーションが提唱されました。これにより、ニューラルネットワークは以降次第に広く使われるようになります。

1-4-3 第3次AIブーム：2000年代〜

それでは、2000年代から現在まで続いている第3次AIブームについて解説します。

2005年、アメリカの未来学者レイ・カーツワイルは、指数関数的に高度化する人工知能が2045年頃にヒトを凌駕する、シンギュラリティという概念を発表しました。

そして、2006年にジェフリー・ヒントンらが提案したディープラーニングの躍進により、AIの人気が再燃しました。このディープラーニングの躍進の背景には、技術の研究が進んだこと、IT技術の普及により大量のデータが集まるようになったこと、およびコンピュータの性能が飛躍的に向上したことがあります。

2012年には、画像認識のコンテストILSVRCにおいて、ヒントンが率いるトロント大学のチームがディープラーニングによって機械学習の研究者に衝撃を与えました。従来の手法はエラー率が26%程度だったのですが、ディープラーニングによりエラー率は17%程度まで劇的に改善しました。それ以降、ILSVRCでは毎年ディープラーニングを採用したチームが上位を占めるようになりました。

さらに、2015年にDeepMind社による「AlphaGo」が人間のプロ囲碁棋士に勝利したことにより、ディープラーニングはさらに注目を集めました。実際に、世界各地の研究機関や企業はディープラーニングに強い関心を抱いており、開発のために膨大な資金を注いでいます。

そして、我々の日常生活にも、ディープラーニングは少しずつ入り込んできています。例えば音声認識や顔認証、自動翻訳などは、生活を少し便利にする日常のツールとなっています。

1 4 4 人工知能の未来

このChapterの最後に、AIの未来に大きく関係するキーワードを2つ紹介します。

まずは「ムーアの法則の終焉」です。ムーアの法則は、インテルの共同創業者の1人であるゴードン・ムーアが1965年『Electronics』誌で発表した半導体技術の進歩についての経験則です。ムーアの法則に従えば、半導体の集積率は18カ月で2倍になりコンピュータ性能が飛躍的な向上をすることになりますが、この法則は今まである程度現実をよく表してきました。ところが、近年では半導体素子の微細化が原子レベルにまで到達したため、これ以上微細化ができなくなりムーアの法則は近いうちに限界を迎えるという声が大きくなってきています。この微細化による限界を打ち破るために、平面ではなく3次元上に集積回路を積み上げたり、従来のシリコンに替わる材料を使用するなどの先端的な研究が、世界各地の研究機関で行われています。ムーアの法則が終焉を迎えるのか、それとも継続するのかは、コンピュータの性能に大きく依存するAIの未来を決める重要な分岐点です。

また、人工知能の未来を考える上で「シンギュラリティ（技術的特異点）」の概念は避けて通れません。シンギュラリティはレイ・カーツワイルが提唱した、「指数関数的」に高度化するテクノロジーにより人工知能が2045年頃にヒトを凌駕するという概念です。

📋 **MEMO**

指数関数的

この場合の「指数関数的」とは、時間と共に単位時間あたりの変化量が大きくなっていく様子を表します。

西暦900年時点の平安時代の日本では、テクノロジーの進歩はとてもゆっくりとしたものでした。人口の大部分は農民で、時おり疫病や自然災害などに見舞われつつも、生涯ほぼ変わらないテクノロジー環境の中で一生を終える人間が大半でした。その時代の人間がもし100年後にタイムスリップしたとしても、違和感はそれほど感じないはずです。

しかしながら、西暦1920年、大正時代の人間が西暦2020年にタイムスリップしたとしたら、その人間が感じる衝撃は上記の比ではありません。その100年の

間に普及した自動車、飛行機、テレビ、コンピュータ、インターネット、スマートフォン、人工知能などのテクノロジーの登場に圧倒されることでしょう。 まさに、テクノロジーの進歩は指数関数的です。

　未来のことは誰にもわかりませんが、これまでのテクノロジー性能の指数関数的な変遷を考慮すればシンギュラリティは必ずしも夢物語ではないようにも思えます。もちろん、シンギュラリティに関しては様々な反論もありますが、少なくともヒトの外部の知能が世界により大きな影響を与える未来が来るのは、間違いないことでしょう。

1.5　Chapter1 のまとめ

　この Chapter では、「脳科学と人工知能の概要」について解説しました。人工知能は脳科学を追いかけるように着実に発展し、次第に世界に少なくない影響を与えるようになってきました。脳の仕組みを部分的に模倣することで、高い性能を発揮する人工知能ができることがあるようです。しかしながら、まだ脳は謎に満ちており、人工知能の潜在能力はまだ十分に発揮されていません。

　以降の Chapter では、脳と人工知能それぞれ、およびその接点についてより詳しく解説していきます。

1.6　小テスト：脳科学と人工知能の概要

　ここまでの知識を確認するための小テストです。復習と知識の整理のためにご活用ください。

1-6-1　演習

問題

1. 神経系は、次のうちどの細胞の接続により形成されますか？

　1.　赤血球

2. 神経細胞

3. 心筋細胞

4. 幹細胞

2. 脳全体は4つの領域に分けることができます。大脳、間脳、脳幹と、
   もう1つの領域は何でしょうか？

1. 頭蓋骨

2. 眼球

3. 中脳

4. 小脳

3. 1932年に発明された電子顕微鏡により、
   はじめて観察可能になった神経系の構造は以下のうちどれでしょうか？

1. シナプス間隙

2. 神経細胞

3. グリア細胞

4. 脳下垂体

4. 次のうち、人工知能に「含まれない」ものはどれでしょうか？

1. 機械学習

2. 遺伝的アルゴリズム

3. 動物の神経系

4. コンピュータ上の群知能

5. 「人工知能の父」と呼ばれる人物は2人います。
   マービン・ミンスキーと誰ですか？

1. アラン・チューリング

2. デビッド・ラメルハート

3. レイ・カーツワイル

4. ジェフリー・ヒントン

解答例

1. 解答：2

　　神経系は、多数の神経細胞の接続により形成され、動作の制御や外部との情報のやり取り、内部での演算などを行う動物の器官です。脳は、動物の頭部にある神経系の中枢です。

2. 解答：4

　　小脳は、運動の制御、感覚情報の評価などを担う脳の重要な領域です。

3. 解答：1

　　神経細胞同士の接合部には、シナプス間隙が存在します。幅が20nm（ナノメートル）と非常に狭いため、観察するためには電子顕微鏡の発明が必要でした。

4. 解答：3

　　人工知能は、文字通り人の手によって作られた知能です。天然の知能は人工知能に含まれません。

5. 解答：1

　　アラン・チューリングはイギリスの数学者です。チューリングは1947年のロンドン数学学会で、人工知能の概念をはじめて提唱しました。

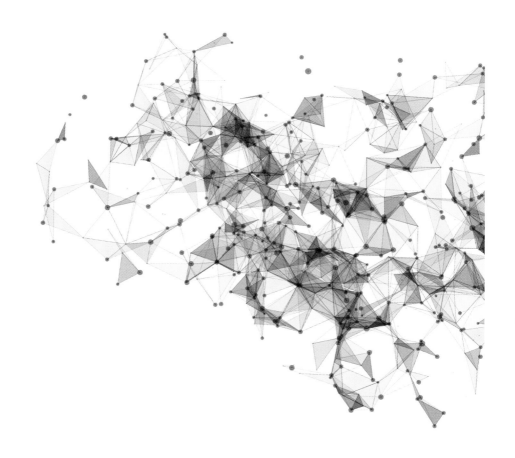

Chapter 2 脳の構造

このChapterでは、脳の部位、脳の微小構造、脳の起源について学んでいきます。人工知能との接点に入る前に、脳の構造を把握しておきましょう。

2.1 概要：脳の構造

最初に、このChapterのガイドを兼ねて脳の構造（ 図2.1 ）の概要を解説します。

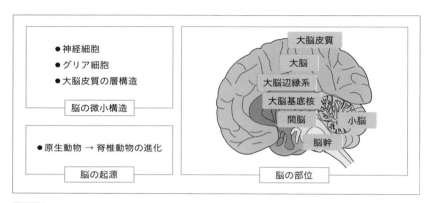

図2.1 脳の構造

今回、脳の微小構造として以下を解説します。

- **神経細胞**
- **グリア細胞**
- **大脳皮質の層構造**

また、脳の起源として、原生動物から脊椎動物へ向かう脳の進化について学びます。

脳の部位についてですが、まず脳は、大脳、間脳、脳幹、小脳に分けることができます。そして、このうちの大脳は、以下に示す部位に分けられます。

- **大脳皮質**
  - → 大脳表面の多数の神経細胞からなる層。
- **白質**
  - → 大脳皮質の下にある神経線維の束。
- **大脳基底核**
  - → 大脳の最深部で間脳を囲むように位置する。

- **大脳辺縁系**
  → 大脳基底核を取り囲むように位置する。

さらに、大脳は左右の半球2つに分かれ、左半球と右半球は 図2.2 に青く示す脳梁で接続されます。

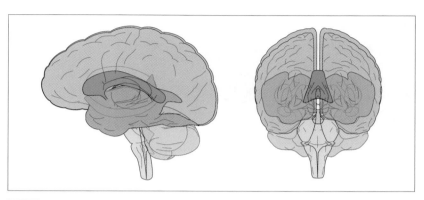

図2.2 脳梁

出典 https://ja.wikipedia.org/wiki/脳梁 より引用・作成（CC BY-SA 2.1 jp）
File:Corpus callosum.png、Life Science Databases (LSDB)

脳の構造の概要は以上になりますが、以降はこれらの各要素についてそれぞれ解説していきます。

2.2 神経細胞とグリア細胞

まずは、脳を構成する、一番基本的な単位である神経細胞とグリア細胞について解説します。

2 2 1 神経細胞とグリア細胞の概要

脳における演算の主役は神経細胞ですが、脳全体では約1,000億個の神経細胞が存在し、記憶や演算を担っています。

図2.3 の写真は脳における神経細胞の一種、錐体細胞です。細長くて、数多く枝分かれした形状をしています。

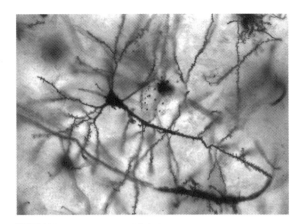

図2.3 神経細胞の一種、錐体細胞

　また、脳には神経細胞の10倍程度のグリア細胞が存在します。グリア細胞の役割は、主に神経細胞のサポートです。

　グリア細胞には、具体的に次のような役割があります。

- 神経細胞の位置を固定
  - → 多数の神経細胞が形作るネットワークは、グリア細胞によって形状が保たれています。
- 神経細胞へ栄養を補給
  - → グリア細胞には血管と神経細胞をつなぎ、神経細胞へ栄養を補給する役割があります。
- 軸索を絶縁する髄鞘を構成
  - → 神経細胞から長く伸びた軸索を覆い包む髄鞘を構成します。髄鞘は、軸索を電気的に絶縁する役割を担います。
- 神経伝達物質の回収や放出
  - → 神経細胞同士のコミュニケーションに必要な、神経伝達物質の回収や放出を行います。これにより、グリア細胞は神経細胞の機能を調節したり、あるいは記憶に関与したりするとも考えられています。

　その他にも、グリア細胞は様々な機能を脳内で果たしています。

　以上のように、おおまかなイメージですが神経細胞が記憶や演算を担い、グリア細胞がそれをサポートすることになります。

② ② ② 神経細胞

それでは次に、1個の神経細胞を見ていきましょう。 図2.4 の写真は、マウスにおける神経細胞です。

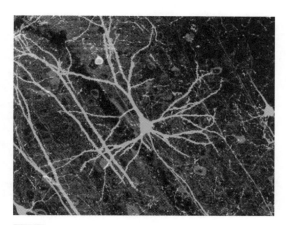

図2.4 マウスの大脳皮質における神経細胞

出典 https://en.wikipedia.org/wiki/Neuron より引用・着色（CC BY 2.5）
File:Human astrocyte.png、Bruno Pascal

神経細胞は染色されており、拡大されています。この神経細胞の実際の大きさは、数 μm（マイクロメートル）程度です。まるで木のように、枝のようなものと根のようなものが伸びて、他の神経細胞とつながっていることがわかります。

神経細胞には、錐体細胞、星状細胞、顆粒細胞など様々な種類が存在しますが、脳全体ではこのような神経細胞が1,000億個程度あると考えられています。神経細胞のサイズは、小さいもので4μm程度、大きいもので100μm程度、一般的には10μm程度です。

それでは、この神経細胞の構造、および多数の神経細胞が形作るネットワークを図で見ていきましょう。 図2.5 の神経細胞に注目してください。

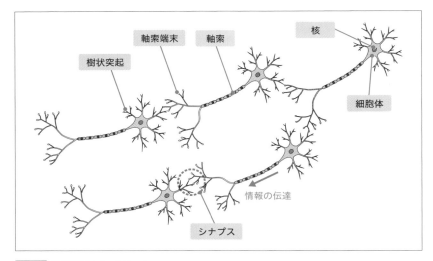

図2.5 神経細胞のネットワーク

　神経細胞では、細胞体から樹状突起と呼ばれる木の枝のような突起が伸びています。この樹状突起は、多数の神経細胞からの信号を受け取ります。受け取った信号を用いて細胞体で演算が行われることにより、あらたな信号が作られます。作られた信号は、長い軸索を伝わって、軸索端末まで届きます。軸索端末は多数の次の神経細胞、あるいは筋肉と接続されており、信号を次に伝えることができます。哺乳類の場合、軸索の太さは0.5から20μm程度です。

> 📝 **MEMO**
>
> ## イカの軸索
>
> イカの軸索は直径1mmにも及ぶことがあります。1963年に、アラン・ホジキンとアンドリュー・ハクスリーは、ヤリイカの巨大軸索を用いた研究によりノーベル生理学・医学賞を受賞しています。

　このように、神経細胞は複数の情報を統合し、あらたな信号を作り他の神経細胞に伝える役目を担っています。
　また、このような神経細胞と、他の神経細胞の接合部は**シナプス**と呼ばれています。シナプスには複雑なメカニズムがあるのですが、結合強度が強くなったり弱くなったりすることで記憶が形成されると考えられています。このようなシナプスですが、神経細胞の1個あたり1,000程度存在すると考えられており、脳の

神経細胞数を1,000億とすると、脳全体で100兆程度のシナプスがあることになります。

このような非常に多くのシナプスにより、複雑な記憶や、あるいは意識が形成されるとも考えられています。シナプスについては、Chapter3で改めて解説します。

2-2-3 グリア細胞の種類

次に、グリア細胞にはどのような種類があるのかを解説します。

アストロサイト

アストロサイトはグリア細胞の一種です。 図2.6 の写真は23週の胎児の脳におけるアストロサイトですが、全方向に突起が伸びた構造をしています。

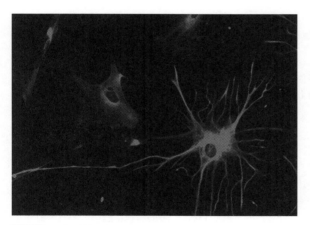

図2.6　23週の胎児の脳におけるアストロサイト

出典　https://en.wikipedia.org/wiki/Astrocyte より引用（CC BY-SA 3.0）
File:Human astrocyte.png、Bruno Pascal

この細胞には様々な役割があります。1つは、神経細胞のネットワークを形状的に支えることです。もう1つは、神経細胞と神経伝達物質を介してコミュニケーションを行うことです。これにより、神経細胞の働きを調整していると考えられています。

アストロサイトは、他にも様々な機能を持った多機能なグリア細胞です。

オリゴンデンドロサイト

オリゴンデンドロサイトもグリア細胞の一種です。 図2.7 に示すように、1つのオリゴンデンドロサイトは複数の軸索に巻き付き、髄鞘を形成します。

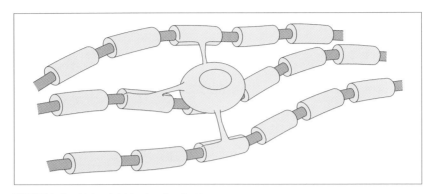

図2.7 複数の軸索に巻き付くオリゴンデンドロサイト

出典 https://en.wikipedia.org/wiki/Oligodendrocyte より引用・作成（CC BY 3.0）
File:Oligodendrocyte illustration.png、Holly Fischer

髄鞘は脂質からなるので、絶縁性があります。これにより、軸索を伝わる信号の伝達速度が高速化されます。

ミクログリア

ミクログリアもグリア細胞の一種で、脳内で免疫機能や不要物の除去を担っています。正常時は細胞同士がお互いに近づかないように分布していますが、異常を感じた際は大きくなったり増殖したりして活性化状態となります。

他にもグリア細胞にはいくつかの種類があり、脳の活動においてそれぞれ重要な役割を担っています。

以上のように、脳においては主に神経細胞とグリア細胞という2種類の細胞が、その高度な機能を担っています。人工知能の分野でモデルにされているのは、このうち計算や記憶を主に担う神経細胞です。

脳の構造

2.3 脳の進化

ここで、動物の脳の歴史の中で、脳がどのように進化してきたかを解説します。

全ての生物、全ての動物は共通の祖先を持ちますが、ヒトにつながる進化の系統で、早い段階で枝分かれした順に並べると以下のようになります。

1. アメーバ、ゾウリムシなどの原生動物
2. カイメンなどの海綿動物
3. クラゲ、サンゴなどの刺胞動物
4. ウニ、ヒトデなどの棘皮動物
5. ホヤ、ナメクジウオなどの原索動物
6. 魚、鳥、人間などの脊椎動物

動物にはこれ以外にも軟体動物や節足動物などの系統がありますが、ヒトとは大きく離れた系統なのでここでは扱いません。

それではまず、原生動物から見ていきましょう。

2-3-1 原生動物

生命の誕生は今から30数億年程度前のことですが、アメーバやゾウリムシ（ 図2.8 ）などの原生動物は、20億から12億年前に登場しました。原生動物は、1つの細胞しか持たない単細胞生物です。1つの細胞しか持っていないので、当然神経細胞もありません。

しかしながら、例えばゾウリムシの場合は物体に衝突した際に泳ぐ方向を反転したり、捕食者に襲われた際に泳ぐ速度を上げて逃避したりします。

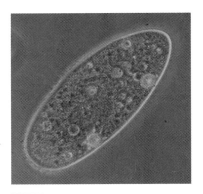

図2.8 ゾウリムシ

出典 https://ja.wikipedia.org/wiki/ゾウリムシ より引用（CC BY-SA 3.0）
File:Paramecium.jpg、Barfooz

これは細胞内の生体電位によるものです。障害物にぶつかると細胞内の電位が
プラスに変動し、電位が一定値を超えるとゾウリムシは逆に泳ぎ出します。ゾウ
リムシの細胞は一種のシンプルな情報処理装置を含んでいると考えることもでき
ます。

2-3-2 海綿動物

次に、10億年程度前に登場した海綿動物を見ていきましょう。海底に固着する
カイメン（**図2.9**）などの海綿動物は多細胞生物ですが、情報処理に特化した神
経細胞はまだありません。また、個体の明確な区別もできません。

図2.9 様々な種類のカイメン

出典 https://en.wikipedia.org/wiki/Sponge より引用（パブリックドメイン）

とはいうものの、認識能力は持っています。各細胞は同種の細胞を識別し結合することができます。そのため、2つの異なる種のカイメンの細胞をバラバラにして混ぜても、同じ種の細胞同士が集まって再び個体を形成します。ただし、種の区別はできても個体の区別はできないようです。

また、感覚細胞と運動細胞が電位差を用いて連動しています。これにより多数の細胞が協調し水温やイオン濃度に応じて吸水口を開閉したりできるようです。この段階で、細胞の機能の特化や多数の細胞の協調、電位差やイオン濃度の活用が行われており、後の神経細胞につながる原型が確認できます。

2-3-3 刺胞動物

クラゲ（図2.10）やサンゴなどの刺胞動物は、6.4～5.42億年前のエディアカラ紀に登場しました。この段階になって、ようやく神経細胞が登場します。ただ、まだこの段階では後の脳につながる神経細胞が密集した中枢は持っていません。

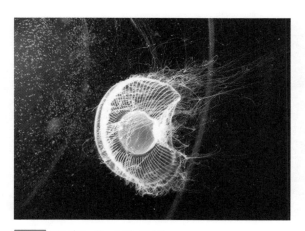

図2.10 クラゲの一種、オワンクラゲ

出典 https://ja.wikipedia.org/wiki/クラゲ より引用（CC BY-SA 3.0）
File:Aequorea coerulescens1.jpg、KENPEI

神経細胞のネットワークは網の目のように体中に広がっており、特定の箇所に集中していません。そのため、1つの神経細胞が命令を下すと、他の神経細胞に興奮が伝わり統合された運動を行うことができます。このような神経の形状は散在神経系と呼ばれています。

例えばクラゲの場合は、神経細胞がループになった神経環というものがあります。これは、眼に相当する光受容組織に含まれる小さな神経節同士をつなぐこと

で、情報の統合を行っているようです。

脳が生まれる兆しは、この段階でも既に存在しています。しかしながら、神経細胞が集中した中枢がないため、まだ複雑な判断や運動を行うことはできません。

2 3 4 棘皮動物

棘皮動物（図2.11）にはウニ、ヒトデ、ナマコ、クモヒトデ、ウミユリなどが含まれています。このグループは5.42〜5.1億年前のカンブリア紀に登場しました。体の構造は五回対称となっており、これは動物の中でも特異な構造です。

図2.11 様々な棘皮動物

出典 https://ja.wikipedia.org/wiki/棘皮動物 より引用（CC BY-SA 2.5）
File:Equinodermos de Venezuela.jpg、NOAA/NOS/NMS/FGBNMS; National Marine Sanctuaries Media Library. Sharon Mooney (see User:Edwardtbabinski) Daniel Hershman from Federal Way, US © Hans Hillewaert

これらの動物には、原始的な中枢制御系が存在します。中枢制御装置として神経環を持ちますが、はっきりとした脳構造があるわけではありません。口の近くにある神経環から、5方向に放射状に末梢神経が伸びており、ところどころに神経細胞が集中した神経節が存在しています。

実験から、ウニは進行方向を5分ほど記憶できることが報告されています[参考文献3]。ウニの神経系にはわずかながらも記憶能力があるようです。

2 - 3 - 5 原索動物

　原索動物はホヤ、ナメクジウオ（図2.12）などのグループです。この段階になって、中枢制御系、記憶能力という脳の特徴の一部が見えてきました。原索動物は、ナメクジウオなどの頭索動物とホヤ類などの尾索動物に分かれます。

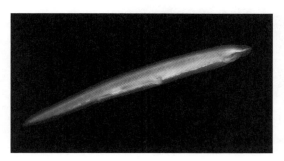

図2.12 ナメクジウオ

出典 https://en.wikipedia.org/wiki/Chordate より引用（CC BY-SA 4.0）
File:Branchiostoma lanceolatum.jpg、© Hans Hillewaert

　このグループは、5.42～5.1億年前のカンブリア紀に登場しました。原索動物は終生、もしくは一生の間のある期間に脊索と呼ばれる体を貫く棒状の器官を持ちます。脊索と平行に背側神経索が走っており、中枢神経系を持ちますが、この段階でもまだ脳は持っていません。

　このグループのうち、頭索動物のナメクジウオは脊椎動物の祖先に最も近い動物です。ナメクジウオ の神経索の先端に、神経細胞の集中により若干膨らんでいる脳室と呼ばれる箇所がありますが、まだ脳とはみなされないようです。この脳室は記憶や視覚情報に基づく判断を行うことが可能で、これに基づきナメクジウオは棘皮動物と比較して的確に素早く動くことができます。

　この段階になって、全身の神経系を統合する洗練された情報処理システム、すなわち脳の兆しが見えてきました。

2 - 3 - 6 脊椎動物

　原索動物から進化した脊椎動物には、魚や鳥、ヒトなどが含まれます。脊椎動物の中で最も原始的なグループであるヤツメウナギ（図2.13）やヌタウナギなどの無顎類は、カンブリア紀の後期に原索動物から進化したと考えられています。

　この無顎類は、原始的な脳を持っています。最近の研究で脊椎動物の脳の各領域の多くが、5億以上前に誕生した無顎類、すなわち脊椎動物の歴史の初期に既に成立していることがわかってきました。

　また、4億1600万年前から3億5900万年前までのデボン紀には、顎のある有顎魚類が登場しました。有顎魚類は我々が持っている一般的な魚のイメージに近いです。顎の登場により、顎を動かす三叉神経が発達し、なおかつ獲物に噛み付くために脳を発達させた種が生存に大幅に有利となりました。これにより、以降は脳の複雑化、巨大化が始まりヒトの脳につながっていきます。

　無顎類よりも進化した魚類、両生類、爬虫類の脳では、脳幹が大部分を占めています。脳幹は生命機能の維持や、摂食、生殖、反射のような本能的な行動を担います。魚類と両生類の大脳には、生存に必要な本能や感情を担う大脳辺縁系と大脳基底核しかありません。

　鳥類や哺乳類に進化すると、大脳と小脳が巨大化しました。特に哺乳類の中でもヒトやサルなどの霊長類は、大脳皮質が極端に発達し高度な知的活動が可能となりました。霊長類では、大きく発達した大脳が間脳と中脳を覆っています。

　このように、ヒトの脳は30数億年におよぶ進化の帰結です。増築を重ねた建物のようで必ずしも最適化されているわけではありませんが、それまで地球上に存在しなかった極めて汎用性の高い知能を獲得するに至りました。

2.4 大脳皮質 ―脳葉と機能局在―

ここから、脳の部位である大脳皮質について解説します。まずは、脳葉と大脳皮質における機能局在について解説を行います。

2 4 1 脳葉

まずは、脳葉についてです。大脳は、構造的にいくつかの脳葉に区分けすることができます（図2.14）。

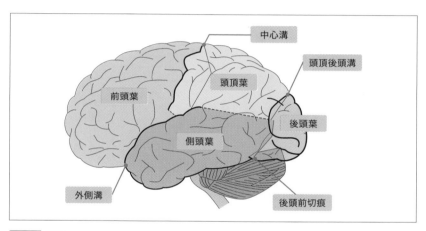

図2.14 脳葉

出典 https://ja.wikipedia.org/wiki/脳葉 より引用・作成（パブリックドメイン）

脳葉には、大脳の前方から前頭葉、頭頂葉、後頭葉があり、両側面には側頭葉があります。脳表面の溝（いわゆる脳のシワ）のことを脳溝といいますが、各脳葉は、**中心溝、外側溝、頭頂後頭溝、後頭前切痕**の4つの脳溝を境界とします。前頭葉と頭頂葉の境界には中心溝があり、頭頂葉と後頭葉の間には頭頂後頭溝があります。また、前頭葉と側頭葉の間には外側溝があります。

各脳葉には、おおまかに以下の役割があります。

- 前頭葉
  - → 運動、発話、計画、自制など。
- 頭頂葉
  - → 体の感覚や、視覚中における対象の位置など。

- 後頭葉
  - → 視覚情報の受け取り、処理など。
- 側頭葉
  - → 聴覚情報の処理、視覚中における対象の認識など。

2-4-2 大脳皮質

　大脳皮質は、大脳の表面に広がる神経細胞の薄い層です。その厚さは場所によって異なり、おおよそ1.5～4.0mmほどです。大脳皮質のような、神経細胞の細胞体が存在する組織を、灰白質と呼びます。

　それに対して、細胞体が存在せず、神経繊維、すなわち軸索からなる組織は白質と呼ばれます。

　図2.15 のように、大脳の表面、すなわち大脳皮質は灰白質で、内部は白質となっています。

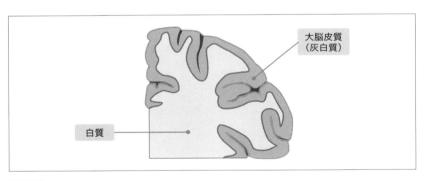

図2.15 大脳皮質

出典 https://ja.wikipedia.org/wiki/大脳皮質 より引用・作成（パブリックドメイン）

　従って、神経細胞による演算は大脳の表面で行われ、内部には情報を伝達するため配線が存在することになります。

2-4-3 機能局在

　次に、大脳皮質の機能局在について解説します。大脳皮質は細胞構築の違いにより区別される多くの領域から構成され、それぞれの領域には固有の機能が局在しています。

　1909年、ドイツの神経解剖学者ブロードマンは大脳皮質を52の領域に分類しました。これらの領域は、「領野」と呼ばれています。図2.16 はブロードマンの脳

地図ですが、色の違う部分がそれぞれ異なる機能を持った領野です。

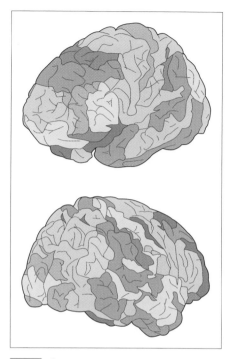

図2.16 ブロードマンの脳地図

出典 https://ja.wikipedia.org/wiki/ブロードマンの脳地図 より引用・作成（パブリックドメイン）

　領野は、言わば会社の部署のようなものです。それぞれの部署では決まった仕事しかしません。しかしながら、近傍の部署とはもちろん内部の白質を通して遠方の部署とも連携します。大脳皮質は、いわゆる縦割りの問題を克服した組織であると考えることもできるでしょう。

　それでは、この機能局在の例を見ていきましょう。

まずは一次視覚野の例です。一次視覚野はＶ１とも呼ばれますが、 **図2.17** に示すように後頭葉にあります。

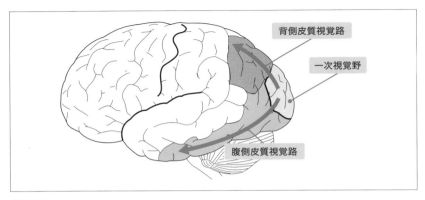

図2.17 一次視覚野

出典 https://ja.wikipedia.org/wiki/視覚野 より引用・作成（CC BY-SA 3.0）
　　File:Ventral-dorsal streams.svg、Selket

　一次視覚野は、視神経からやってきた視覚情報の処理を行います。ここで処理された視覚情報は、背側皮質視覚路と腹側皮質視覚路に分かれます。後頭部から頭頂方向へ向かう情報の流れ、すなわち背側皮質視覚路は空間や運動の認識に関わり、側頭方向へ向かう情報の流れ、すなわち腹側皮質視覚路は形状の認識に関わると考えられています。

　そして、側頭葉にある一次聴覚野（ **図2.18** ）は聴覚の処理を行います。

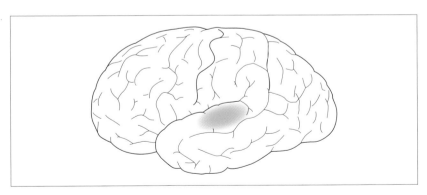

図2.18 一次聴覚野

出典 https://ja.wikipedia.org/wiki/一次聴覚野 より引用・作成（CC BY-SA 3.0）
　　File:Brodmann 41 42.png、Jimhutchins

また、前頭葉の頭頂付近に位置する一次運動野（ 図2.19 ）は運動の計画、実行を担います。

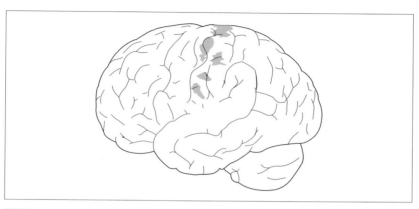

図2.19 一次運動野

出典 https://ja.wikipedia.org/wiki/一次運動野 より引用・作成（CC BY-SA 3.0）
File:Ba4.png、Washington irving

そして、前頭葉の側面に位置するブローカ野（ 図2.20 ）は言葉を発声するための役割を担います。

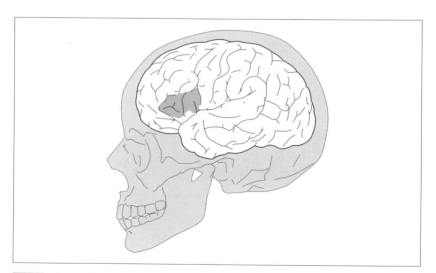

図2.20 ブローカ野

出典 https://en.wikipedia.org/wiki/Broca%27s_area より引用・作成（CC BY-SA 2.1 jp）
File:Broca's area - lateral view.png、Database Center for Life Science（DBCLS）

側頭葉に位置するウェルニッケ野（ 図2.21 ）には言語を理解する役割がありま
す。

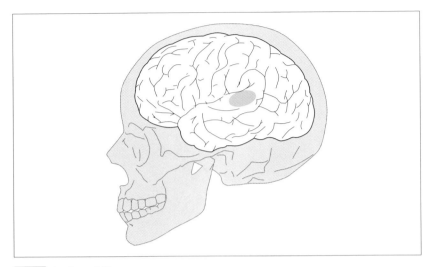

図2.21 ウェルニッケ野

出典 https://ja.wikipedia.org/wiki/カール・ウェルニッケ より引用・作成（パブリック・ドメイン）
File:Wernicke's area animation.gif、Database Center for Life Science（DBCLS）

　以上のように、大脳皮質の各領域は様々な機能に特化したスペシャリストと
なっています。言わば、大脳皮質はゼネラリストの集団というよりもスペシャリ
ストの集団です。今回示してきた領域以外にも大脳皮質には多数の様々な領域が
あり、それぞれ異なる機能を担っています。

2.5 大脳皮質 —層構造—

　ここでは、大脳皮質の層構造について解説します。大脳皮質の構造を、さらに
詳しく見ていきましょう。

2 5 1 大脳における灰白質と白質

　まずは、灰白質と白質について解説します。 図2.22 の左側は神経細胞の模式図、
右側は大脳の断面です。

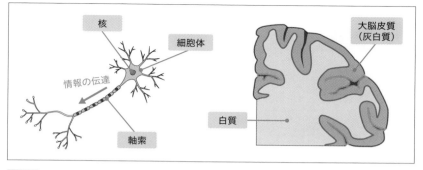

図2.22 神経細胞の模式図と大脳の断面

出典 （図右） `https://ja.wikipedia.org/wiki/`大脳皮質 より引用・作成 （パブリックドメイン）

　2.4.2項で少し触れましたが、外側の灰白質には神経細胞の細胞体が存在し、内側の白質には細胞体から伸びた軸索のみが存在します。灰白質である大脳皮質の神経細胞は、近傍の神経細胞だけではなく、遠方の神経細胞とも白質を通して接続します。このように、大脳は外側に演算と記憶の装置である神経細胞の層が、内側に配線である軸索のかたまりが配置されています。

2 5 2 大脳皮質の層構造

　それではここで、大脳皮質の構造を詳しく見ていきましょう。大脳皮質における神経細胞は、6層の層構造をとって並んでいます。各層の厚さは、視覚野や運動野などの領域によってかなり異なります。実は、2.4.3項に示したブロードマンの脳地図は、これらの各層の厚さにより領域を分類したものです。

　図2.23は、左が大脳皮質における細胞の構造で 右が繊維の構造です。

　上から順に分子層から多形細胞層までの6層構造をとっています。各層は上下の層、もしくは脳の異なる領域と接続されます。その中には、近傍のニューロンとの接続もありますが、遠方のニューロンに軸索を伸ばす神経細胞も存在します。

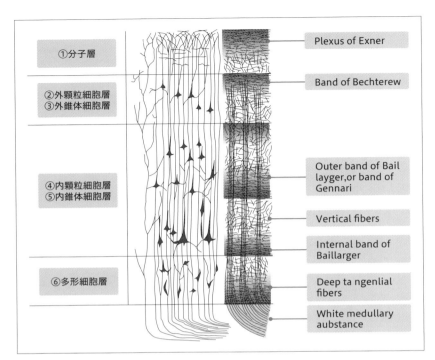

①分子層

②外顆粒細胞層
③外錐体細胞層

④内顆粒細胞層
⑤内錐体細胞層

⑥多形細胞層

Plexus of Exner

Band of Bechterew

Outer band of Bail layger,or band of Gennari

Vertical fibers

Internal band of Baillarger

Deep ta ngenlial fibers

White medullary aubstance

図2.23 大脳皮質の6層構造。左が神経細胞で右が神経繊維

出典 `https://ja.wikipedia.org/wiki/大脳皮質` より引用・作成（パブリックドメイン）

② ⑤ ③ 大脳皮質のコラム構造

　次に、大脳皮質のコラム構造について解説します。大脳皮質は深さ方向には先ほどの6層構造をとりますが、この6層構造をとった縦長のコラムが、**図2.24** に示すように数多く集まって大脳皮質は形作られます。

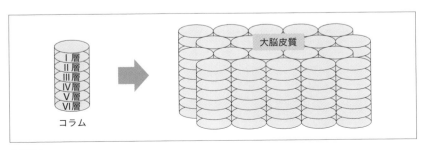

Ⅰ層
Ⅱ層
Ⅲ層
Ⅳ層
Ⅴ層
Ⅵ層

コラム

大脳皮質

図2.24 大脳皮質のコラム構造

　コラムが6階建てのビルだとすると、大脳皮質はこのビルが数多く集まった街と考えることもできます。言わば、コラムは大脳皮質における1つの単位です。

　コラムは直径が0.5mm程度、高さは2-3mm程度で、100万程度の神経細胞を含みます。大脳皮質には100億程度の神経細胞があるので、コラムは1万個程度存在することになります。コラムは、他のコラムや脳の他の箇所と接続されており、活発に情報のやり取りをします。

　このような構造をとる大脳皮質により、我々は様々な感覚を持ち、計画を立てたり想像したりするわけです。これだけの構造で、我々の複雑な知能が実現されるのは、とても神秘的に感じられるのではないでしょうか。

2.6 大脳辺縁系

　次に大脳辺縁系について解説します。大脳内部の様々な器官について学んでいきましょう。

2 6 1 大脳辺縁系とは？

　それでは、大脳辺縁系とは何でしょうか？　大脳辺縁系は、大脳半球の内側部で、大脳基底核を取り囲むように位置します。

　図2.25 で青色で示すのが大脳辺縁系です。

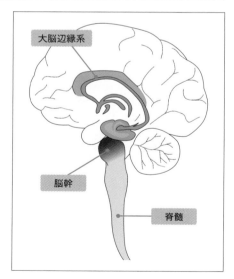

図2.25 大脳辺縁系

出典 https://ja.wikipedia.org/wiki/
大脳辺縁系 より引用・作成（パブリックドメイン）

　大脳辺縁系は、情動、意欲、記憶や自律神経活動に関与する複数の器官の総称のことです。

　大脳辺縁系には、以下の器官が含まれます。

- 海馬
  - → 記憶において重要な働きをします。
- 扁桃体
  - → 特に不安や恐怖に強く反応します。
- 側坐核
  - → 報酬や快楽などで重要な役割を果たします。
- 帯状回、海馬傍回、視床下部、etc...

以下、これらについて順番に解説していきます。

2-6-2　海馬

　まずは海馬です。図2.26 に海馬を青く示しますが、細長い形状をしており、左右に1本ずつあります。

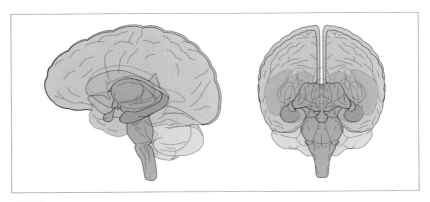

図2.26　海馬

出典　https://ja.wikipedia.org/wiki/海馬_(脳)より引用・作成（CC BY-SA 2.1 jp）
　　　File:Hippocampus image.png、Life Science Databases(LSDB)

　海馬は、記憶や空間学習能力に関わる脳の器官であり、最も研究の進んだ脳の部位の1つです。海馬で形成された短期記憶は、徐々に大脳皮質に転送され長期記憶となりますが、海馬と記憶の関係についてはChapter3で改めて解説します。

2 6 3 扁桃体

次に扁桃体を解説します。 図2.27 に扁桃体を青く示しますが、丸い形状で左右に1つずつあります。

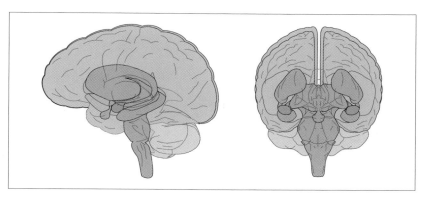

図2.27 扁桃体

扁桃体はアーモンド形の神経細胞の集まりで、情動の処理と記憶において重要な役割を果たします。特に不安や緊張、恐怖に強く反応します。また、海馬と連携し、情動と記憶を結びつけて記憶を固定する役割もあります。強い感情を覚えた出来事が記憶に残りやすいのは直感的にもわかりますね。

2 6 4 側坐核

次に側坐核を解説します。 図2.28 で側坐核を青く示しますが、大脳の奥深くやや前方に位置します。

側坐核は、報酬、快感などで重要な役割を果たします。言わば、快楽中枢です。例えば、レバーを押すと側坐核が電気刺激されるラットは、食事も摂らずにひたすらレバーを押し続けることが知られています。また、側坐核は薬物中毒にも深く関わっています。

行動を強く促すことから機械学習の一種、強化学習との関連性が議論されています。強化学習については、Chapter4で改めて解説します。

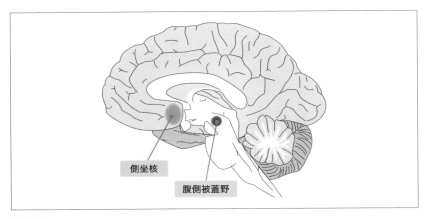

2-6-5 帯状回、海馬傍回、視床下部

帯状回は大脳の内部、図2.29 で青色で示す位置にあります。

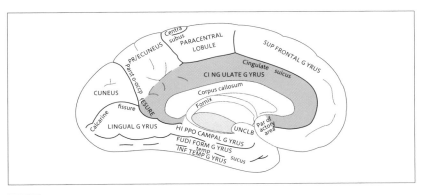

図2.29 帯状回

この部位は、呼吸器の調節、意思決定、共感、感情による記憶などに関与しています。

また、海馬傍回は大脳の内部、図2.30 の青色で示す位置にあります。

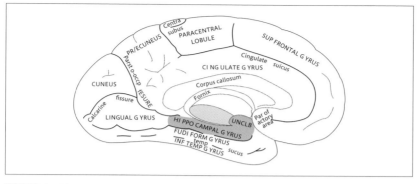

図 2.30 海馬傍回

出典 https://ja.wikipedia.org/wiki/海馬傍回 より引用・作成 (パブリックドメイン)

　海馬傍回は風景の記憶や、顔の認識などに関与しています。

　視床下部を **図 2.31** に青色で示しますが、これは脳の底の方に位置する小さな部位です。

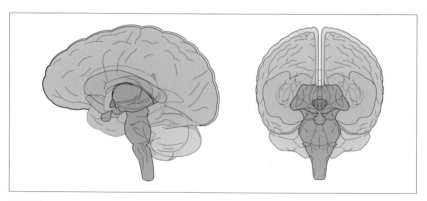

図 2.31 視床下部

出典 https://ja.wikipedia.org/wiki/視床下部 より引用・作成 (CC BY-SA 2.1 jp)
File:Hypothalamus image.png、Life Science Databases (LSDB)

　視床下部は、摂食、飲水、性行動などの生命に欠かせない自律機能の調整を行う、総合中枢です。

　大脳辺縁系の解説は以上になりますが、特に海馬と扁桃体、側坐核が人工知能との関連性を考察する上で重要と考えられます。

2.7 大脳基底核

ここで、大脳基底核について解説します。大脳の最も深いところに位置する部位について学んでいきましょう。

2 7 1 大脳基底核とは？

それでは、大脳基底核とは何でしょうか？　大脳基底核は大脳の最も深いところに位置する灰白質の箇所です。

図2.32 に青色で大脳基底核を示しますが、大脳の最深部に位置することがわかるかと思います。

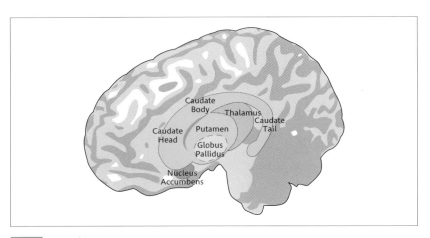

図2.32 大脳基底核

出典 https://en.wikipedia.org/wiki/Basal_ganglia より引用・作成（CC BY 3.0）
File:Anatomy of the basal ganglia.jpg、Lim S-J, Fiez JA and Holt LL

大脳基底核は運動、認知、感情、動機付けや学習など様々な機能を担っています。
大脳基底核には、次のような部位が含まれます。

- 線条体
- 淡蒼球
- 黒質
- 視床下核

- etc...

　線条体は被殻と尾状核からなり、線条体の内側には淡蒼球が位置します。そして、さらにその内側には黒質や視床下核が位置します。

　それでは、これらを順番に見ていきましょう。

2　7　2　線条体と淡蒼球

　線条体を 図2.33 に青く示します。線条体は左右の脳に1つずつあり、膨らんだ箇所から「の」の字に曲がる形状をしています。

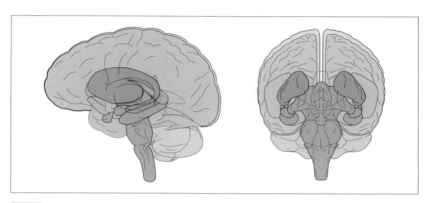

図2.33 線条体

　線条体は運動系機能を司る被殻、および精神系機能を司る尾状核で構成されます。線条体の機能が低下すると、対人恐怖症や社会恐怖症などに陥ることもあります。

　淡蒼球は、 図2.34 で青く示されています。

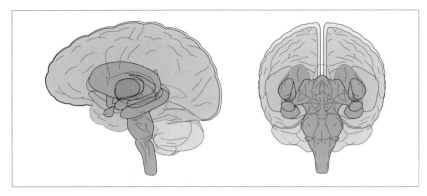

図2.34 淡蒼球

　淡蒼球は線条体のさらに内側に位置します。淡蒼球は、青白い外見をしているためこの名前で呼ばれます。淡蒼球は外節と内節に分かれますが、線条体、視床下核からの入力を受け、黒質や視床下核、視床へ出力する役割があります。運動や意思決定にも関わるとも考えられています。

2-7-3 黒質と視床下核

　次に、黒質と視床下核を見ていきます。図2.35 に脳の縦断面を図で示しますが、SN と書かれているのが黒質で、STN と書かれているのが視床下核です。

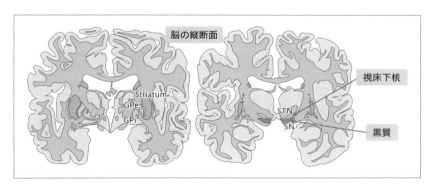

図2.35 黒質と視床下核

黒質は緻密部と網様部からなります。緻密部は線条体へ出力し、網様部は視床へ出力します。この部位はパーキンソン病と深く関わっていることが知られています。

視床下核は淡蒼球のさらに内側に位置し、淡蒼球、大脳皮質からの入力、黒質や淡蒼球への出力を行います。これにより、運動を行う際の動作の微妙な調節を行っていると考えられています。

大脳の最も深い場所では、以上のような様々な機能を担う部位が常に活動しています。

2.8 小脳

ここでは、小脳について解説します。小脳は大脳と比較して大幅に小さいですが、特に運動の制御において重要な役割を担っています。

2 - 8 - 1 小脳の形状

小脳は、大脳の下後方に位置するカリフラワー状の小さな器官です。図2.36において、小脳を青く示します。

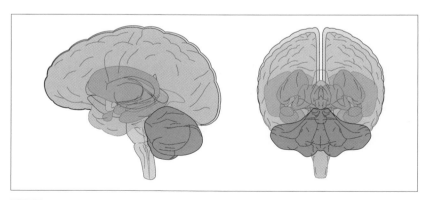

図2.36 小脳

出典 https://ja.wikipedia.org/wiki/小脳 より引用・作成（CC BY-SA 2.1 jp）
File:Cerebellum.png、Life Science Databases (LSDB)

大脳と同じように、小脳は、左右2つに分かれています。神経細胞が存在する小脳皮質と、その内部の神経繊維からなる白質で主に構成されますが、白質の中には神経細胞からなる小脳核が存在します。

2-8-2 小脳の機能と特徴

小脳の主な機能は、知覚と運動機能の統合です。小脳が損傷を受けると、運動や平衡感覚に異常をきたし精密な運動ができなくなりますが、意識や知覚に異常を引き起こすことはありません。従って、Chapter5で扱ういわゆる「意識」には、小脳は関わっていないと考えられています。小脳では運動に関する長期記憶の保持が行われています。一度自転車の乗り方を覚えると、長期間忘れないのは小脳のおかげです。なお、長い間小脳が扱うのは運動のみと考えられてきましたが、最近の研究では情動や認知機能にも関与すると考えられているようです。

小脳の重量は大脳の1/10程度です。そうであるにも関わらず、大脳皮質の神経細胞数が100億程度であるのに対して、小脳の神経細胞数は1,000億程度です。実は、数でいうと脳における神経細胞の大部分は小脳に含まれています。脊椎動物にとっての運動制御の重要性が示唆されます。

大脳皮質は6層構造でしたが、小脳の皮質、すなわち小脳皮質は3層構造です。表面から、分子層、プルキンエ細胞層、顆粒細胞層が並びます。なお、脊椎動物のどの種であっても、大きさは異なりますが小脳は同じ構造をしています。魚も、カエルも、ヘビも、鳥も、ヒトも、基本的には同じ仕組みで運動が制御されていることが示唆されます。

また、小脳は大脳と比較してシンプルで直線的な神経細胞のネットワークを持っています。小脳における神経細胞は同じ層の神経細胞と接続されておらず、隣り合う層の神経細胞と接続されています。一方、大脳皮質のネットワークは同じ層内にも接続があり、ネットワークは複雑怪奇です。

小脳では大脳などで予測した結果と感覚器からのフィードバックが小さくなるように運動の調整が行われます。我々の日常生活は、小脳のおかげで特に考えなくてもスムーズに送ることができるわけです。このため、小脳では人工知能でいうところの教師あり学習が行われているとも考えられています。

Chapter4で解説する層状の人工ニューラルネットワークは、同じ層でニューロン同士が接続されておらず、正解データを必要とする教師あり学習です。このため、小脳との類似性がしばしば指摘されます。

2.9 　　間脳と脳幹

ここでは、間脳と脳幹について解説します。これらは、我々が生命を維持する
上で重要な役割を担っています。

2 9 1 間脳とは？

それではまず、間脳について解説します。図2.37 に間脳を青く示します。

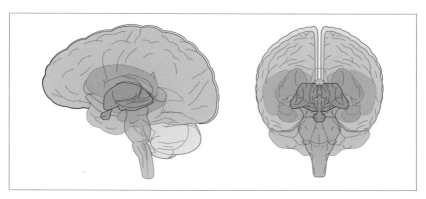

図2.37 間脳

出典 https://ja.wikipedia.org/wiki/間脳 より引用・作成（CC BY-SA 2.1 jp）
File:Diencephalon.png、Life Science Databases（LSDB）

このように、間脳は脳の中心付近に位置します。間脳は、大脳半球の全ての入
力と出力を中継する情報の交差点です。また、自律神経の働きを調整する役割も
持っています。
間脳には次のような部位があります。

- 視床
  → 嗅覚以外の感覚情報を中継します。
- 視床下部
  → 内臓の働きや内分泌の働きを制御します。
- 松果体
  → 睡眠のリズムを調整するメラトニンを分泌します。

- 脳下垂体
  - → 様々なホルモンを分泌します。
- etc...

　以上のように、間脳は体との情報の中継や、体を制御するためのホルモンの分泌など、様々な役割を担っています。

②-⑨-② 脳幹とは？

　次に、脳幹について解説します。 図2.38 に脳幹を青く示します。

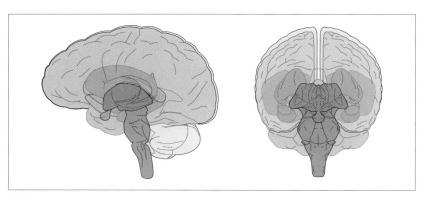

図2.38 脳幹

出典 https://ja.wikipedia.org/wiki/脳幹 より引用・作成 （CC BY-SA 2.1 jp）
File:Brainstem.png、Life Science Databases（LSDB）

　このように、脳幹は脳と脊髄をつなぐ場所に位置します。

　脳幹には、脳の他の部分と脊髄の情報の中継をする重要な役割があります。また、脳幹は多数の生命維持機能を含んでいます。

　脳幹には以下のような部位があります。

- 中脳
  - → 視覚や聴覚の中継、眼球運動に関わります。
- 橋
  - → 顔の筋肉、唾液腺、味覚、聴覚、眼球運動に関わります。
- 延髄
  - → 摂食、循環、消化などの生命維持に不可欠な機能を担います。

• etc...

　以上のように、脳幹は脊髄からの情報の中継や、生命の維持など様々な役割を担っています。間脳や脳幹などの働きは意識することはありませんが、これらの機能なしに生命活動を続けることはできません。しかしながら、大脳や小脳と比べると人工知能との関係性は小さくなります。

2.10 Chapter2 のまとめ

　このChapterでは、脳の構造として脳の部位、脳の微小構造、脳の起源などについて学びました。このChapterで学んだ脳の仕組みがどのように人工知能と絡んでいくのか、それは以降のChapterで少しずつ解説していきます。

2.11 小テスト：脳の構造

　ここまでの知識を確認するための小テストです。復習と知識の整理のためにご活用ください。

② - ⑪ - ① 演習

問題

1. 脳において神経細胞の10倍程度存在し、主に神経細胞をサポートする細胞は何でしょうか？

　　1. 白血球
　　2. グリア細胞
　　3. 錐体細胞
　　4. 単純細胞

2. 次の動物グループのうち、明確に脳の構造が観察されるのはどのグループですか？

    1. 原生動物
    2. 刺胞動物
    3. 棘皮動物
    4. 脊椎動物

3. 大脳は、構造的にいくつかの脳葉に区分けすることができます。脳葉には前頭葉、頭頂葉、後頭葉などがありますが、以下のうち脳葉に含まれるものはどれですか？

    1. 小脳
    2. 側頭葉
    3. 大脳皮質
    4. 外側溝

4. アーモンド形の神経細胞の集まりで、情動の処理と記憶において重要な役割を果たし、特に不安や緊張、恐怖に強く反応する大脳辺縁系の器官は何でしょうか？

    1. 脳下垂体
    2. 脳梁
    3. 延髄
    4. 扁桃体

5. 大脳の最も深いところに位置する、灰白質の箇所を何と呼びますか？

    1. 松果体
    2. 大脳基底核
    3. 大脳辺縁系
    4. 橋

解答例

1. 解答：2

　脳には、神経細胞の10倍程度のグリア細胞が存在します。グリア細胞の役割は、主に神経細胞のサポートです。

2. 解答：4

　脊椎動物の中で最も原始的なヤツメウナギ、ヌタウナギなどの無顎類は、原始的な脳を持っています。無顎類は、カンブリア紀の後期に原索動物から進化したと考えられています。

3. 解答：2

　側頭葉は、聴覚、視覚中の対象の認識などを担う脳葉の1つです。

4. 解答：4

　扁桃体はアーモンド形の神経細胞の集まりで、情動の処理と記憶において重要な役割を担います。特に不安や緊張、恐怖に強く反応します。また、海馬と連携し、情動と記憶を結びつけ記憶を固定します。

5. 解答：2

　大脳基底核は大脳の最も深いところに位置する灰白質の箇所で、運動、認知、感情、動機付けや学習など様々な機能を担っています。

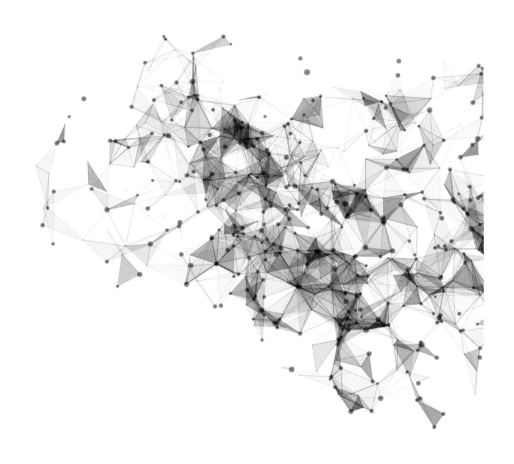

脳における
演算と記憶

このChapterでは、脳において演算や記憶が行われる仕組みに
ついて学んでいきます。人工知能と脳を対比するために、脳で行
われている処理のイメージを把握していきましょう。

3.1 概要：脳における演算と記憶

最初にこのChapterの概要を解説します。このChapterで学ぶ要素を 図3.1 にまとめます。

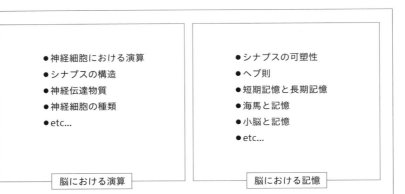

- ●神経細胞における演算
- ●シナプスの構造
- ●神経伝達物質
- ●神経細胞の種類
- ●etc...

脳における演算

- ●シナプスの可塑性
- ●ヘブ則
- ●短期記憶と長期記憶
- ●海馬と記憶
- ●小脳と記憶
- ●etc...

脳における記憶

図3.1 脳における演算と記憶

脳における演算として、神経細胞における演算、神経細胞同士の接合部であるシナプスの構造、シナプスで情報を伝達する神経伝達物質、神経細胞の種類などを解説します。

また、脳における記憶について、シナプスの変化が保たれるシナプスの可塑性、このシナプスの可塑性を扱うヘブ則、短期記憶と長期記憶、短期記憶において重要な役割を果たす海馬と記憶の関係、小脳と記憶の関係などを学びます。

これらについて学ぶことで、脳が演算し学習するイメージを身に付けていきましょう。

3.2 神経細胞における演算

まずは、神経細胞においてどのような演算が行われているのかを見ていきましょう。

3-2-1 神経細胞における情報の流れ

図3.2 に、神経細胞における情報の流れを示します。

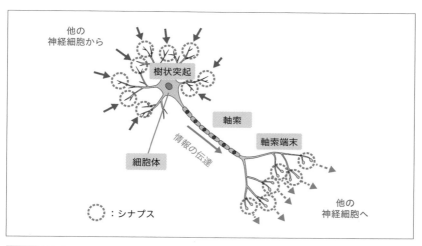

図3.2 神経細胞における情報の流れ

図3.2 は、1つの神経細胞における情報の流れの模式図です。神経細胞では、細胞体から樹状突起と呼ばれる木の枝のような突起が伸びています。この樹状突起は、多数の他の神経細胞からの信号を受け取ります。受け取った信号を用いて細胞体で演算が行われることにより、あらたな信号が作られます。

作られた信号は、長い軸索を伝わって、軸索端末まで届きます。軸索端末は多数の次の神経細胞、あるいは筋肉と接続されており、信号を次に伝えることができます。このように、神経細胞は複数の情報を統合し、あらたな信号を作り他の神経細胞に伝える役目を担っています。

また、このような神経細胞と、他の神経細胞の接合部はシナプスと呼ばれています。シナプスは、神経細胞1個あたり1,000程度あると考えられています。シナプスは記憶などに関わると考えられているのですが、このChapterの後半で解説します。

3-2-2 神経細胞で行われる処理

それでは、3.2.1項で少し触れた神経細胞における演算を解説します。図3.3 に注目してください。

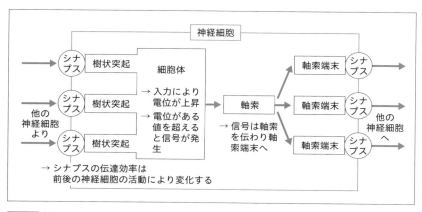

図3.3 神経細胞における演算

　シナプスを介して他の神経細胞から樹状突起が信号を受け取ります。樹状突起が信号を受け取ると、細胞体の電位が上昇します。この電位が複数の入力によりある値を超えると、神経細胞が興奮して信号が発生します。そして、この信号は長い軸索を通って枝分かれした軸索端末まで伝わります。その後、細胞体の電位はもとに戻ります。

　軸索端末は複数に枝分かれしていますが、ここでシナプスを介して他の神経細胞に信号が伝わります。なお、シナプスの伝達効率はシナプスの前後神経細胞の活動により変化します。有効に機能するシナプスは、どんどん伝達の効率が上がっていくことになります。

3.3　シナプスと神経伝達物質

　シナプスと神経伝達物質について解説します。シナプスの構造と、神経伝達物質の役割について把握していきましょう。

③-③-① シナプスの仕組み

　シナプスは化学シナプスと電気シナプスに分類できます。化学シナプスは神経伝達物質で、電気シナプスはイオン電流により情報の伝達を行います。一般にシナプスという際は、化学シナプスを指すことが多いので、以降単にシナプスと記述した場合は化学シナプスを指すことにします。

まずは化学シナプスの仕組みを見ていきましょう。 図3.4 に注目してください。

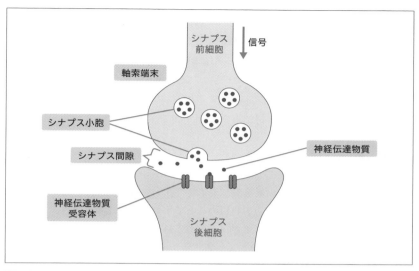

図3.4 シナプスの模式図

　シナプスの前の神経細胞は、シナプス前細胞、後ろの神経細胞は、シナプス後細胞と呼ばれます。その接合部には20nm（ナノメートル）程度の間隙（シナプス間隙）があります。神経伝達物質と呼ばれる化学物質がこの間隙を通過することで、神経細胞間の情報伝達が行われます。軸索端末に信号が来ると、神経伝達物質を内包するシナプス小胞から、シナプス間隙に神経伝達物質が放たれます。そして、神経伝達物質はシナプス後細胞の受容体と結合し、シナプス後細胞のイオンチャネルが開くことでシナプス後細胞内の電位が変化します。

> **MEMO**
>
> **イオンチャネル**
>
> イオンチャネルは細胞膜を貫いて配置されるタンパク質で、細胞膜を貫通する開閉可能な穴を形作ります。この穴の開閉により、細胞内外のイオンバランスが調整されます。

　化学シナプスの伝達効率は、前後の神経細胞の活動状態などによって変化し、保持されます。このようなシナプスの伝達効率の変化は、記憶や学習において重要な役割を果たしていると考えられています。化学シナプスの伝達効率の変化を

扱う法則には、有名なものにヘブ則と呼ばれるものがありますが、これについては3.5.5項で解説します。

次に電気シナプスですが、このシナプスは化学シナプスよりも数が大幅に少なくなります。電気シナプスでは神経細胞間がイオンなどを通過させる分子で接着されており、神経細胞間に直接イオン電流が流れることにより情報伝達が行われます。電気シナプスは人体において網膜の神経細胞間や心筋の筋繊維間などで見ることができます。電気シナプスは化学シナプスのように一方向の伝達はできませんが、伝達速度が速いのが特徴的です。

③-③-② 神経伝達物質

次に、神経伝達物質について解説します。神経伝達物質とは、シナプスにおいて情報伝達を担う100種類以上の物質のことです。神経伝達物質は、大きく2つのグループに分けることができます。「興奮性」の神経伝達物質はシナプス後細胞の電位を上げ、「抑制性」の神経伝達物質は電位を下げます。

それでは、ここで神経伝達物質をいくつか挙げます。

- グルタミン酸
  → 興奮性の神経伝達物質で、記憶・学習などの脳の高次機能で重要な役割を果たします。
- ドーパミン
  → 興奮性の神経伝達物質で、報酬系などに関与し意欲、動機、学習などで重要な役割を果たします。
- γ-アミノ酪酸（GABA）
  → 中枢神経系における主要な抑制性神経伝達物質です。

他にも、脳内にはセロトニン、ノルアドレナリン、APTなど様々な種類の神経伝達物質が存在し、情報伝達においてそれぞれ異なる役割を担っています。

③-③-③ トライパータイトシナプス

近年の研究によりアストロサイトにはシナプスと密接な関連があることがわかってきました。

「トライパータイトシナプス」[参考文献4]という考え方があります。これはシナプスとアストロサイトには密接な関係があり、シナプス前後の細胞、およびア

ストロサイト3つの細胞で1つのシナプス機能を担うという考え方です。

　例えば、アストロサイトはシナプス前細胞から放出された余剰のグルタミン酸を回収し、シナプスの伝達効率を向上させます。回収だけではなくアストロサイトは、グルタミン酸の放出も行います。他にも様々な神経伝達物質を介して、神経細胞とアストロサイトは双方向に密接なコミュニケーションをとっているようです。

　図3.5 は、神経細胞とアストロサイト間の物質のやり取りの模式図です。グルタミン酸やドーパミンを含む様々な物質のやり取りが、シナプス間隙付近で行われています。

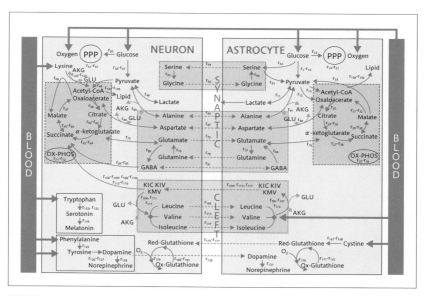

図3.5 アストロサイト（中央より右）と神経細胞（中央より左）の間の神経伝達物質のやり取り。中央はシナプス間隙

出典 https://en.wikipedia.org/wiki/Astrocyte より引用・作成（CC BY 2.0）
File:Metabolic interactions between astrocytes and neurons with major reactions.png、
Tunahan Cakir, Selma Alsan, Hale Saybasili, Ata Akin, Kutlu Ulgen - Cakir, Tunahan; Selma Alsan, Hale Saybasili, Ata Akin, Kutlu Ulgen

　また、アストロサイトは、他のアストロサイトとカルシウムイオン濃度を用いて情報伝達を行っています。ただ、伝達速度は神経活動よりも数オーダー遅いようです。脳機能は単に神経細胞のみによって発現するのではなく、神経細胞とグリア細胞が形作るもっと広範囲なネットワークの中から生み出されるのではないかという考え方が提唱されていますが、詳しくはまだ研究中のようです。

③-③-④ 動物の神経細胞とシナプスの数

それでは、ここで様々な動物の神経細胞の数とシナプスの数を比較してみましょう。 表3.1 を見てください。

表3.1 様々な動物の神経細胞数とシナプス数
出典 https://ja.wikipedia.org/wiki/動物のニューロンの数の一覧 より引用

動物名	神経細胞の総数	シナプスの数
C.エレガンス（線虫）	302	～7,500
ヒル	10,000	
キイロショウジョウバエ	250,000	$< 1 \times 10^7$
カエル	16,000,000	
ハツカネズミ	71,000,000	$\sim 1 \times 10^{12}$
ネコ	760,000,000	$\sim 1 \times 10^{13}$
ヒト	86,000,000,000	$\sim 1.5 \times 10^{14}$

　C.エレガンスと呼ばれる線虫の仲間には、神経細胞は300個程度しかありません。この線虫は、7,500個程度のシナプスを持っています。また、線虫よりも複雑な生物であるヒルの神経細胞の数は1万個程度です。昆虫はより高度な知性を発揮しますが、昆虫の仲間キイロショウジョウバエの神経細胞の数は25万個程度で、シナプスの数は1千万個程度です。

　そして、我々と同じ脊椎動物であるカエルの神経細胞の数は1,600万個程度になります。よく実験動物として使われるハツカネズミの神経細胞の総数は7,100万個程度で、シナプスの数は1兆個程度です。また、我々の身近な動物でもあるネコの神経細胞の総数は10億個弱で、シナプスの数は10兆個程度です。

　我々ヒトは、1,000億個弱の神経細胞を持っており、100兆個程度のシナプスを持っています。こうしてみると、ヒトが圧倒的な数の神経細胞とシナプスを持っていることがわかりますね。神経細胞、シナプスの数が多いと知能が高くなる傾向があるようです。

　本節では、シナプスと神経伝達物質について学びました。ヒトの高度な知性の背景に、シナプスの単純なようで複雑な仕組みがあるのはとても興味深いです。

3.4 神経細胞の種類

　ここで、神経細胞の種類について解説します。神経細胞にはどのような種類があるのか把握していきましょう。

3-4-1 形態的分類

　まずは、神経細胞を形態的に分類します。

- 錐体細胞
  - → 大脳皮質と海馬に存在する主要な興奮性の神経細胞です。 図3.6 の写真は錐体細胞ですが、多くの樹状突起と細胞体、長く伸びた軸索を確認することができます。

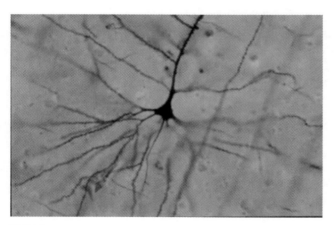

図3.6 錐体細胞

出典 https://ja.wikipedia.org/wiki/錐体細胞_(神経細胞) より引用 (CC BY-SA 3.0)
File:GolgiStainedPyramidalCell.jpg、Bob Jacobs

- 星状細胞
  - → 大脳皮質および小脳皮質に存在する、樹状突起が四方に伸び星状に見える神経細胞です。
- 顆粒細胞
  - → 小脳の顆粒層に存在する神経細胞で、細胞内に顆粒が多く見えます。

- バスケット細胞
  → 小脳の分子層、海馬、大脳皮質に存在する神経細胞です。軸索が標的の神経細胞をバスケット状に囲むことから名付けられました。
- プルキンエ細胞
  → プルキンエ細胞は、小脳のプルキンエ層に存在する神経細胞です。 図3.7 に示すように、樹状突起が非常に大きく広がるのが特徴的です。

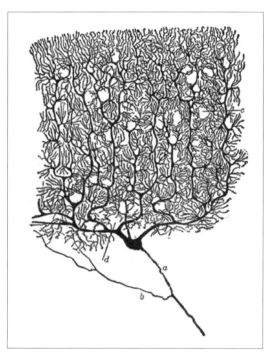

図3.7 プルキンエ細胞

出典 https://ja.wikipedia.org/wiki/プルキンエ細胞 より引用（パブリックドメイン）

その他にも、形態的に様々な特徴を持つ神経細胞が脳には存在します。

3・4・2 興奮性と抑制性

次に、興奮性と抑制性という観点で神経細胞を分類します。

興奮性神経細胞は、軸索端末からグルタミン酸などの興奮性の神経伝達物質を放出します。以下の神経細胞は興奮性神経細胞です。

- 錐体細胞
- 顆粒細胞
- 星状細胞（抑制性の場合もある）
- etc...

そして、抑制性神経細胞は、軸索端末からGABAなどの抑制性の神経伝達物質を放出します。

以下の神経細胞は抑制性神経細胞です。

- 星状細胞（興奮性の場合もある）
- バスケット細胞
- プルキンエ細胞
- etc...

大脳皮質においては、抑制性神経細胞は全神経細胞の20%程度を占めると考えられています。

3-4-3 投射と介在

次に、投射と介在という観点で神経細胞を分類します。投射神経細胞は、属する領域を超えて長い距離軸索を伸ばし、遠方の領域の神経細胞と接続されます。例えば、以下の神経細胞は投射神経細胞です。

- 錐体細胞
- プルキンエ細胞
- etc...

それに対して、介在神経細胞は近傍の神経細胞と接続されます。例えば、以下の神経細胞は介在神経細胞です。

- 星状細胞
- 顆粒細胞
- バスケット細胞
- etc...

図3.8 に示すのは、19世紀末にスペインの神経解剖学者カハールによって描かれた、ハトの小脳の断面の拡大図です。

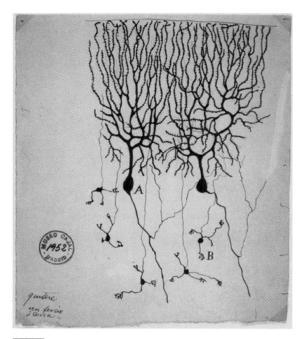

図3.8 カハールによって描かれた、ハトの小脳におけるプルキンエ細胞（A）と顆粒細胞（B）

出典 https://ja.wikipedia.org/wiki/サンティアゴ・ラモン・イ・カハール
　　　より引用（パブリックドメイン）

　Aがプルキンエ細胞を、Bが顆粒細胞を指しますが、プルキンエ細胞は軸索を長い距離伸ばし、顆粒細胞は近くの神経細胞と接続する様子を見ることができます。

　以上のように、形態、興奮と抑制、投射と介在という観点で神経細胞を分類することができます。

3.5　記憶のメカニズム

　ここでは、記憶のメカニズムについて解説します。記憶の種類と、記憶が脳に保存されるメカニズムについて把握していきましょう。

3-5-1 短期記憶と長期記憶

最初に、記憶を短期記憶と長期記憶に分類します。

短期記憶

まずは、短期記憶です。短期記憶は、保持期間が数十秒程度の記憶です。素早く記憶できるのですが、一度に保持できる容量には限界があります。

長期記憶

次に、長期記憶です。短期記憶に含まれる情報の多くは忘却され、その一部が長期記憶として保持されます。長期記憶は、数分から時には一生にわたって保持されます。また、容量に制限はほぼありません。

以上のように、パソコンに例えるならメモリに相当するのが短期記憶で、ハードディスクに相当するのが長期記憶になります。

3-5-2 陳述記憶と非陳述記憶

次に、陳述記憶と非陳述記憶について解説します。長期記憶は、大きく陳述記憶と非陳述記憶に分けることができます。

陳述記憶

まずは陳述記憶ですが、これはイメージや言語として内容を思い出すことができて、その内容を陳述できる記憶です。陳述記憶は、エピソード記憶と意味記憶に分類することができます。

- エピソード記憶
  - → エピソード記憶は、個人が経験した出来事に関する記憶です。例えば、昨日のランチは誰とどこで何を食べたか、というような記憶に相当します。
- 意味記憶
  - → 意味記憶は、言語とその意味、概念の関係性など、「知識」に相当する記憶です。例えば、「リンゴ」と紐付いたその大きさ、色、味、形状や、果物の一種であるという知識などがこれに相当します。

非陳述記憶

次に、非陳述記憶ですが、意識上で内容を思い出せない記憶で、言語などにより内容を陳述できない記憶です。非陳述記憶は、手続き記憶やプライミングなどに分類することができます [参考文献5]。

- 手続き記憶
  - → 手続き記憶は、自転車の乗り方、楽器の演奏などの、いわゆる「体で覚える」記憶のことです。記憶が一旦作られると、自動的に機能し長期間保たれます。
- プライミング
  - → プライミングは、既にある記憶が、後の精神活動に無意識に影響を与える現象です。プライミングのおかげで、例えば単語の意味などを素早く認識し文章を速く読むことができますが、誤字脱字の原因になることもあります。

非陳述記憶には、他にも古典的条件付けや非連合学習などいくつか種類があります。

このように、脳に長期保存されている記憶はいくつもの種類に分類することができます。

3-5-3 海馬と記憶

次に、海馬と記憶の関係について解説します。Chapter2で少し解説しましたが、海馬は大脳辺縁系の一部で、記憶や空間学習能力に関わる器官です（ 図3.9 ）。

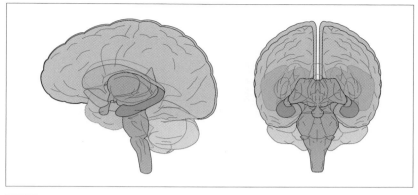

図3.9 海馬

出典 https://ja.wikipedia.org/wiki/海馬_(脳)より引用・作成 (CC BY-SA 2.1 jp)
File:Hippocampus image.png、Life Science Databases (LSDB)

　感覚器からの情報は、主に視床から大脳皮質へ流れて処理されますが、このうち覚えておいた方がいいと判断された情報は海馬に送られて「短期記憶」となります。そして、海馬に保存された情報で、さらに重要と判断されたものは、少しずつ大脳皮質に転送されて「長期記憶」となります。

　海馬は扁桃体や側坐核と密接な関連があります。扁桃体や側坐核は恐怖や快楽などの感情に深く関わる部位であるため、脳における情報の取捨選択に「感情」が強い影響を与えていることが示唆されます。強い感情を覚えた出来事は、詳細かつ長期にわたって記憶に残る傾向があります。

3　5　4　小脳と記憶

　ここで、小脳と記憶の関係について解説します。手続き記憶は小脳と大脳基底核に保持されると考えられています。小脳の場合、実際の運動と予測の誤差、および外界や体の情報がプルキンエ細胞に入力され、シナプスに短期記憶が形作られます（図3.10）。

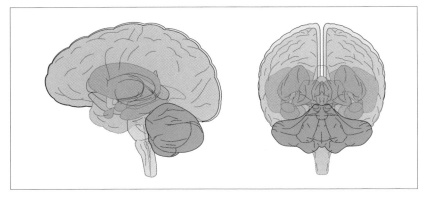

　そして、その一部は小脳の深部にある小脳核、もしくは延髄の前庭核に長期記憶として保存されます[参考文献6]。長期記憶は大脳皮質のみではなく、小脳にも保存されることになります。

③ ⑤ ⑤ ヘブ則と長期増強

　ここで、ヘブ則と長期増強によりシナプスに保持される記憶について解説します。ヘブ則は、1949年カナダの心理学者ドナルド・ヘブが唱えた仮説です。人工知能の一種であるニューラルネットワークが学習する仕組みは、このヘブ則をベースにしています。ニューラルネットワークについては、次のChapter4で解説します。

　ヘブ則を要約すると、「シナプス前細胞の発火によりシナプス後細胞が発火すると、シナプスの伝達効率が向上する」ということになります。ヘブ則を 図3.11 に示します。

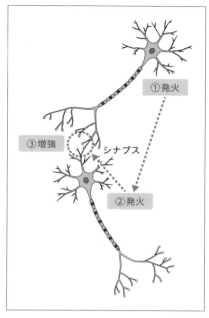

図3.11 ヘブ則

　①シナプス前細胞が発火し、②それによりシナプス後細胞が発火すると、③その間のシナプスが増強されます。

　シナプスの変化が保持される性質をシナプスの可塑性といいますが、**図3.11** のようなシナプスの可塑性は実験により確かめられており [参考文献7]、この現象は長期増強、あるいはLTP（Long-Term Potentiation）と呼ばれます。LTPは記憶の基礎となる現象ですが、これまで大脳皮質、小脳、扁桃体などの様々な脳領域で見つかっています。

> **MEMO**
>
> **ヘブ則が成立するためには**
>
> ヘブ則が成立するためには、シナプス後細胞が発火したという情報をシナプスまで伝える必要があります。大脳皮質と海馬の錐体細胞では、軸索の付け根から樹状突起の末端に向けて電位が逆伝搬することにより発火情報が伝達されます。

　また、1997年にヘンリー・マークラムらによって発見されたスパイクタイミング依存可塑性（Spike Timing-Dependent Plasticity、STDP）という学習法則は、ヘブ則よりも厳密な学習法則です[参考文献8]。STDPは、シナプス前細胞がシナプス後細胞に対して少しだけ先に発火した場合にのみシナプスの増強が起きる学習法則で、LTPが発火の時間差に依存性することを表します。

　シナプス自体まだ研究の途上なのですが、記憶を担うのは本当にシナプスのみなのでしょうか。線虫を使った実験例で、シナプスのみならず神経細胞そのものにも記憶が保持されることが報告されています[参考文献9]。また、電気ショックにより訓練されたアメフラシのRNAを未訓練の個体に移植することで、未訓練の個体は電気ショックに対して訓練済みの個体と同じ挙動を示すようになったことが報告されています[参考文献10]。また、シナプスを取り囲むグリア細胞の一種、アストロサイトの記憶に対する少なくない関与が近年注目されています[参考文献11]。シナプス以外の「記憶の座」についても、今後少しずつ明らかになっていくことでしょう。

　記憶のメカニズムにはまだまだ謎が多いのですが、その研究成果は人工知能技術の発展に少なくない貢献をしてきたことは確かです。

3.6　Chapter3のまとめ

　このChapterでは、脳において演算や記憶が行われる仕組みについて学びました。これらの仕組みをうまく模倣することができれば動物の知能を再現できそうにも思えますが、果たしてそれは可能なのでしょうか？　この大きな問いについては、次のChapter4「脳と人工知能」で本Chapterの内容と人工知能を紐付けて探索していきます。

3.7　小テスト：脳における演算と記憶

　ここまでの知識を確認するための小テストです。復習と知識の整理のためにご活用ください。

3 - 7 - 1 演習

問題

1. 神経細胞における「軸索」の役割は何ですか？

   1. 入力を受け取る
   2. 信号の伝達
   3. 記憶の保持
   4. 異物の除去

2. シナプスにおいて、情報伝達を担う物質は何と呼ばれていますか？

   1. ミクログリア
   2. シナプス後細胞
   3. 受容体
   4. 神経伝達物質

3. 次のうち、大脳皮質と海馬に存在する主要な興奮性の神経細胞はどれでしょうか？

   1. プルキンエ細胞
   2. 星状細胞
   3. 錐体細胞
   4. 顆粒細胞

4. 属する領域を超えて長い距離軸索を伸ばし、遠方の領域の神経細胞と接続される神経細胞のことを何と呼びますか？

   1. 興奮性神経細胞
   2. 抑制性神経細胞
   3. 投射神経細胞
   4. 介在神経細胞

5. 自転車の乗り方、楽器の演奏などの、いわゆる「体で覚える」記憶のことを
何と呼びますか？

1. エピソード記憶
2. 意味記憶
3. 手続き記憶
4. プライミング

解答例

1. 解答：2

    信号は長い軸索を伝わって軸索端末まで届きます。軸索端末は多数の次の
神経細胞、あるいは筋肉と接続されており、信号を次に伝えることができま
す。

2. 解答：4

    神経細胞同士の接合部には20nm（ナノメートル）程度の間隙があり、神
経伝達物質がこの間隙を通過することで情報が伝達します。

3. 解答：3

    錐体細胞は、大脳皮質と海馬に存在する主要な興奮性の神経細胞です。

4. 解答：3

    投射神経細胞は、属する領域を超えて長い距離軸索を伸ばし、遠方の領域
の神経細胞と接続されます。例えば、錐体細胞、プルキンエ細胞などが投射
神経細胞です。

5. 解答：3

    手続き記憶は、自転車の乗り方、楽器の演奏などの、いわゆる「体で覚え
る」記憶のことです。記憶が一旦作られると、自動的に機能し長期間保たれ
ます。

脳と人工知能

このChapterでは、脳と人工知能の関係について学びます。ここまで学んできた脳に関する知識を、人工知能と紐付けていきましょう。

4.1 概要：脳と人工知能

　最初に、このChapterの概要を解説します。機械学習は人工知能の一分野ですが、 **図4.1** に脳と機械学習の関係を示します。

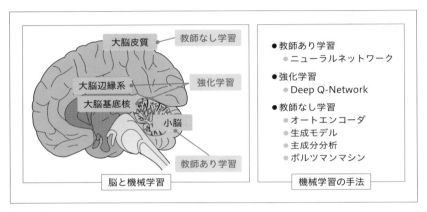

図4.1 脳と人工知能

　機械学習は、教師あり学習、教師なし学習、強化学習に大きくグループ分けすることができます。実は、脳の各部位で行われている学習は、これらの機械学習のグループに対応するとされることがあります。大脳皮質で行われている学習は教師なし学習に、大脳辺縁系と大脳基底核で行われている学習は強化学習に、小脳で行われている学習は教師あり学習に対応すると考えられることがあるようです。

　それでは、これらの機械学習のグループにはどのようなアルゴリズムが含まれるのかを見ていきましょう。さきほどの **図4.1** の右側に注目してください。これら以外にもたくさんの機械学習の手法がありますが、このChapterでは特に脳と関係が深そうなもののみを扱います。

　教師あり学習では、コンピュータ上で神経細胞を再現するニューラルネットワークをこのChapterで解説します。また、報酬をもとに行動が決定される強化学習では、Deep Q-Networkを解説します。そして、教師なし学習では、入力を圧縮し復元するオートエンコーダ、画像などのデータを生成する生成モデル、高次元のデータを低次元に要約する主成分分析、確率的に情報が伝播するボルツマンマシンを解説します。

　このChapterでこれらについて学び、脳と人工知能の接点を探索していきましょう。

4.2　人工ニューロン、人工ニューラルネットワーク

　まずは、人工ニューロン、人工ニューラルネットワークについて解説します。神経細胞ネットワークをモデルにした、コンピュータ上のネットワークについて学んでいきましょう。

　ここで、以降で使用する用語について少し解説します。

- 人工ニューロン（Artificial Neuron）
  - → コンピュータ上のモデル化された神経細胞のことを、人工ニューロンといいます。
- 人工ニューラルネットワーク（Artificial Neural Network）
  - → コンピュータ上のモデル化された神経細胞ネットワークのことを、人工ニューラルネットワークといいます。

　これ以降は、簡単にするためにコンピュータ上のものに対してニューロン、ニューラルネットワークという名称を使うことにします。

4.2.1　人工ニューロン

　それでは、この人工ニューロンの構造を見ていきましょう。実際の神経細胞は、精緻な分子機構に基づく大変複雑な装置です。しかし、神経細胞の持つ機能を全てそのままモデル化しては大変複雑な人工ニューロンになってしまい、かえって本質を見落としかねません。神経細胞が持つ様々な機能の中から本質を見極めてモデル化することで、神経細胞ネットワークにおける情報処理の見通しがよくなります。可能な限り本質を損なわないこと、そして可能な限りシンプルにすること、その両者のバランスをとった形として、人工ニューロンはよく 図4.2 のようにモデル化されます。

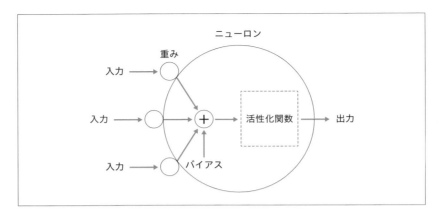

図4.2 人工ニューロンの一例

　ニューロンには複数の入力がありますが、出力は1つだけです。これは、樹状突起への入力が複数あるのに対して、軸索からの出力が1つだけであることに対応します。

　各入力には、重みを掛け合わせます。重みは結合荷重とも呼ばれ、入力ごとに値が異なります。この重みの値が脳のシナプスにおける伝達効率に相当し、値が大きければそれだけ多くの情報が流れることになります。

　そして、重みとバイアスを掛け合わせた値の総和に、バイアスと呼ばれる定数を足します。バイアスは言わば、ニューロンの感度を表します。バイアスの大小により、ニューロンの興奮しやすさが調整されます。

　入力と重みの積の総和にバイアスを足した値は、活性化関数と呼ばれる関数で処理されます。この関数は、入力をニューロンの興奮状態を表す信号に変換します。神経細胞において、細胞体の電位がある値まで上昇すると、軸索に信号を送るのと似ていますね。

　実際の神経細胞は物理的・化学的制約、そして進化上の制約により多くの計算の本質でない要素を抱えざるを得ません。人工ニューロンのモデルはシンプルですが、脳のような制約のないコンピュータの世界では本質のみを抽出することができます。ただ、シンプルな人工ニューロンが本当に神経細胞の計算の本質を現しているかどうかについては、諸説あります。

　このような人工ニューロンは、1943年にウォーレン・マカロック（W. S. McCulloch）とウォルター・ピッツ（W. Pitts）が提案したMcCulloch-Pittsモデルに起源があります。このモデルは、入出力が0か1のどちらかに限定された非常に単純なモデルです。McCulloch-Pittsモデルは、神経科学の知見である、

「全か無かの法則」を数理的に表したモデルとなります。

　そして、より神経科学的に正確なニューロンのモデルにアラン・ホジキン（A. L. Hodgkin）とアンドリュー・ハクスリー（A. F. Huxley）によって1952年に提案されたHodgkin-Huxleyモデルがあります。ホジキンとハクスリーは、ヤリイカの巨大神経についての実験結果をベースに、神経細胞を電気回路として表現しました。これはHodgkin-Huxley方程式として表されますが、これを解くことで軸索の活動電位の発生と伝播を示すことができます。この功績により、彼らは1963年度のノーベル生理学・医学賞を受賞しました。さらに、Hodgkin-Huxleyモデルよりも簡略化されて扱いやすいモデルに、FitzHugh-Nagumoモデル[参考文献12] や、Izhikevichモデル [参考文献13] があります。

4-2-2 人工ニューラルネットワーク

　次に、人工ニューラルネットワークについて解説します。人工ニューロンをつなぎ合わせて構築されたネットワークが、人工ニューラルネットワークです。
　図4.3 にニューラルネットワークの一例を示します。

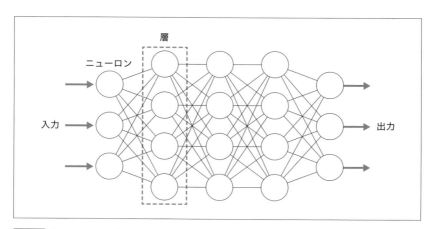

図4.3　人工ニューラルネットワークの一例

　人工ニューロンが層状に並んでいますね。ニューロンは、前の層の全てのニューロンと、後ろの層の全てのニューロンと接続されています。ニューラルネットワークには、複数の入力と複数の出力があります。数値を入力し、情報を伝播させ結果を出力します。出力は確率などの予測値として解釈可能で、ネットワークにより予測を行うことが可能です。

以上のように、ニューラルネットワークはシンプルな機能しか持たないニューロンが層を形成し、層の間で接続が行われることにより形作られます。ニューロンや層の数を増やすことで、ニューラルネットワークは高い表現力を発揮するようになります。

このような層状のニューラルネットワークは、1958年にローゼンブラット（F. Rosenblatt）が提案した「パーセプトロン」に起源があります。ローゼンブラットはMcCulloch-Pittsモデルによるニューロンを入力層、中間層、出力層の3層に並べた「多層パーセプトロン」を考案しました。

④-②-③ バックプロパゲーションによる学習

ここで、バックプロパゲーションによるニューラルネットワークの学習について解説します（図4.4）。ニューラルネットワークは、出力と正解の誤差が小さくなるように重みとバイアスを調整することで学習することができます。

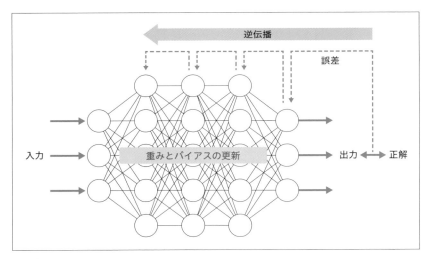

図4.4 バックプロパゲーション（誤差逆伝播法）

1層ずつさかのぼるように誤差を伝播させて重みとバイアスを更新しますが、このアルゴリズムは、バックプロパゲーション、もしくは誤差逆伝播法と呼ばれます。バックプロパゲーションでは、ニューラルネットワークの各層のパラメータ（重みとバイアス）が誤差を小さくするように調整されます。ニューラルネットワークの各パラメータが繰り返し調整されることでネットワークは次第に学習し、適切な予測が行われるようになります。

バックプロパゲーションは、1986年にbackwards propagation of errors（後方への誤差の伝播）の略として米国の認知心理学者デビッド・ラメルハートによって命名されました。ラメルハートは、活性化関数として出力が0か1となる「ステップ関数」の代わりに、0と1の間で連続的な値をとる「シグモイド関数」を採用しました。これにより数学的扱いが楽になり、微分操作ができるようになるためバックプロパゲーションを実現することが可能になりました。

4 2 4 ディープラーニング

次に、ディープラーニングについて解説します。多数の層からなるニューラルネットワークの学習は、ディープラーニング、もしくは深層学習と呼ばれます（図4.5）。ディープラーニングは、産業、科学やアートなど幅広い分野で活用されています。

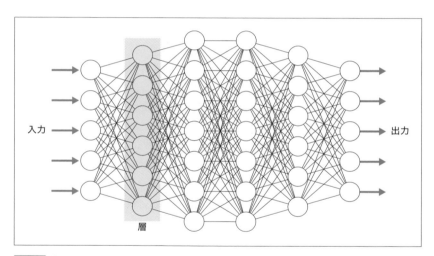

図4.5 多数の層を持つニューラルネットワーク

ディープラーニングはヒトの知能に部分的に迫る、あるいは凌駕する高い性能をしばしば発揮することがあります。特に、AlphaGoが囲碁チャンピオンに勝利したことや、高度な画像認識で近年注目を集めています。

なお、何層以上のケースをディープラーニングと呼ぶかについては、明確な定義はありません。層がいくつも重なったニューラルネットワークによる学習を、漠然とディープラーニングと呼ぶようです。基本的に、層の数が多くなるほどネットワークの表現力は向上するのですが、それに伴い学習は難しくなります。

2006年にカナダのコンピュータ科学者、認知心理学者のジェフリー・ヒントンによって多層にネットワークを積み重ねる手法が提唱されたのですが、2012年には物体の認識率を競うILSVRCにおいてヒントン率いるトロント大学のチームがディープラーニングによって従来の手法よりも大幅なエラー率の改善を遂げたことが研究者に衝撃を与えました。人間の神経細胞ネットワークを模したニューラルネットワークは、実際に高い性能を発揮することで注目を集め人工知能、AIの第3次ブームの主役となっています。

④-②-⑤ 再帰型ニューラルネットワーク（RNN）

　ここで、再帰型ニューラルネットワーク（Recurrent Neural Network、RNN）を解説します。RNNは、時間方向に並んだデータ（時系列データ）を扱うのに適したニューラルネットワークです。RNNは、時間変化するデータのトレンドや周期、時間を跨いだ関連性をうまく捉えることができます。

　ニューラルネットワークにおいて、最初の層と最後の層の間に挟まれた層を中間層といいますが、先ほど解説した通常のニューラルネットワークにおいて、中間層の出力は隣の層に伝わるのみでした。RNNの場合、これに時間方向の接続が加わります。すなわち、RNNにおける中間層の出力は次の時刻の中間層と接続されることになります。これにより、RNNは時間変化するデータを扱うことが可能になります。

　この世界は、時間と共に脈絡を持って変化するデータに溢れています。例えば、海水面の高さ、空中のボールの位置、気温、物価などは前の時刻の値に強く依存しており、何の脈絡もなく突然値が変わることはありません。このような時間連続性を持つ値からなるデータが、「時系列データ」です。我々の脳は無意識にこのような時系列データを処理し、次の時刻における出来事の予測を行っています。そして、このような予測に基づき、次の行動が決定されます。なお、時間で変化するわけではないのですが、単語の並びが連続性を持つ文章なども時系列データとしてRNNで扱うことができます。

　RNNは、データが時間方向にも伝播しますが、前述のバックプロパゲーションを時間をさかのぼるように適用することで学習することができます。適切に学習したRNNは、次の時刻の値を精度よく予測できるようになります。

4 2 6 ディープラーニングと脳の比較

それでは、ここでディープラーニングと脳の関係を 表4.1 にまとめます。

表4.1 ディープラーニングと脳の比較

	ディープラーニング	脳
バックプロパ ゲーション	必要	相当する現象の存在は 考えにくい
層	縦に深い 100層を超えることも	大脳皮質：6層 小脳皮質：3層
正解	必要	大脳：必要としない傾向 小脳：必要とする傾向
ニューロンの 接続	隣の層のニューロンと接続 RNNの場合は時間方向の接続が加わる	介在と投射： 近傍および遠方との接続

　まずはバックプロパゲーションについてですが、ディープラーニングでは効率的な学習のためにバックプロパゲーションを必要とします。それに対して、もし脳においてバックプロパゲーションが起きているとすれば、シナプス間隙や軸索を修正量をさかのぼる必要があり、なおかつ情報の伝播方向を脳全体で同期して切り替える必要があります。人工物ではない脳でこのような現象が起きているとは、少々考えにくいのではないでしょうか。バックプロパゲーションは、脳をモデルにしていない人工のアルゴリズムと考えるのが自然に思えます。ただ、バックプロパゲーションを参考に、より神経科学的に妥当なアリゴリズムが多数考案されてはいるようです。

　層に関しては、ディープラーニングは縦に深くなることが多く時には100層を超えることもあります。ニューラルネットワークで層内のニューロン数が多すぎると、重みの数が隣の層のニューロン数との掛け算になるので計算量が膨大になってしまいます。そのため、ディープラーニングは層内のニューロン数を増やすのではなく層を重ねるようにして進化してきました。

　一方脳では、大脳の表面と小脳の表面が層構造をとります。大脳を覆う大脳皮質は6層、小脳を覆う小脳皮質は3層構造です。ディープラーニングと比べて脳の方が層が少ないですが、脳の場合は同じ層に非常に多くのニューロンを含むという特徴があります。大脳皮質は球面に沿って広く展開し、内部で遠方の領域同士をつなげる戦略を選んだため、広い層に非常に多くの神経細胞を含みます。　大脳皮質の場合、6層しかないにも関わらず神経細胞の数は全体で100億程度にお

よびます。そのような意味で、ディープラーニングは縦に深く、脳は横に広いネットワークを持つことになります。

　また、ディープラーニングの場合は、基本的に学習に正解データが必要です。それに対して脳の場合ですが、大脳は正解を必要としない傾向がある一方、小脳は正確な運動を実現するために正解を必要とする傾向があります。

　ニューロンの接続に関してですが、一般的なディープラーニングの場合は隣の層のニューロンと接続します。ただし、ResNet[参考文献14]のように離れた層同士が接続されるニューラルネットワークも提案されています。また、再帰型ニューラルネットワーク（RNN）の場合は、時間方向の接続が加わります。それに対して、脳の場合は介在と投射により近傍および遠方の神経細胞と接続されます。

　コンピュータ上のニューラルネットワークは実際の神経細胞ネットワークを参考にしています。しかし、ディープラーニングには脳とは関係ない要素も取り込まれています。ディープラーニングのアルゴリズムは、脳を参考にしたり、あるいは距離をおいたりしながら今も進化を続けています。

4.3　畳み込みニューラルネットワークと視覚

　ここでは、畳み込みニューラルネットワークと視覚の関係について解説します。物体認識で非常に高い性能を示す畳み込みニューラルネットワークが、視覚とどのように関連するかについて解説していきます。

4-3-1　視覚の経路

　それではまず、視覚の経路です。図4.6 にヒトの視覚情報の主な経路を示します。

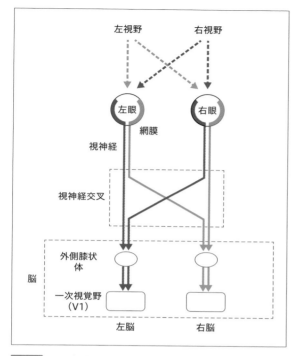

図4.6 ヒトの視覚の経路

　ヒトの左右の眼には網膜があり、網膜は視神経につながっています。左右それぞれの眼における左側の網膜は右の視野を捉え、右側の網膜は左の視野を捉えます。そして、網膜とつながった視神経は半分が交差し、左側の視野に関する情報は右脳が、右側の視野に関する情報は左脳が処理することになります。

　左右それぞれの視野の情報は、脳の視床の一部である外側膝状体で処理がされた後に、大脳皮質の一番後ろにある一次視覚野（V1）に届きます。一次視覚野で処理された情報は、背側皮質視覚路と腹側皮質視覚路という2つの経路に分かれてそれぞれ処理されていきます。

　一次視覚野は最もよく研究されている脳の領野の1つです。一次視覚野には1億4,000万個ほどの神経細胞が存在すると考えられており、視覚に関する複雑な処理が行われています。そのような神経細胞には、「単純型細胞」、および「複雑型細胞」という2種類があり、それぞれ性質が異なります。

　単純型細胞は特定の位置における、明暗の境界とその傾きを検出する細胞です。また、複雑型細胞は位置のずれを吸収し、受け持つ領域に境界が存在するかどうかを検出します。このように、脳に入った視覚の情報は、2つの異なる役割

を持った細胞により処理されて、視覚情報の特徴が効率的に抽出されます。

　生物は、約5億4000万年前に始まったカンブリア紀に、カンブリア爆発と呼ばれる爆発的進化を遂げていますが、この急激な進化の一因は眼の獲得にあると考えられています。捕食者にとって、獲物の位置が多少ずれても獲物を正確に特定することが自然淘汰において有利に働き、捕食者に狙われる側にとっては、危険な相手を特定することが有利に働きます。

　カンブリア紀以降眼は極めて精緻な仕組みに進化し、多くの生物にとって大事な入力となっています。外部から有用な情報を取り出し、状況を把握し、食物や仲間を見つけ、敵を回避あるいは攻撃し、生きていくために必要な、おそらく最も実際に役に立っている感覚情報です。特にヒトの場合、高度に発達した眼からの入力は、脳への入力の大部分を占めると考えられています。

④-③-② 畳み込みニューラルネットワーク（CNN）とは？

　それでは、畳み込みニューラルネットワークについて解説します。畳み込みニューラルネットワークは、英語表記ではConvolutional Neural Networkですが、以降はCNNと略します。CNNは、生物の視覚をモデルとしており、画像認識を得意としています。

　図4.7 はCNNの例ですが、このようにCNNでは画像を入力とした分類問題をよく扱います。

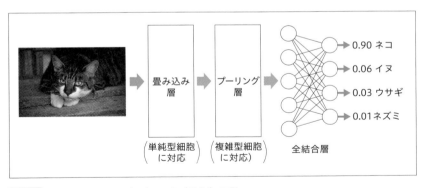

図4.7　畳み込みニューラルネットワーク（CNN）の例

　図4.7 においては、出力層の各ニューロンが各動物に対応し、出力の値がその動物である確率を表します。画像を柔軟に精度よく認識するために、通常のニューラルネットワークとは異なる層を使います。

　CNNには畳み込み層、プーリング層、全結合層という名前の層が登場します。畳み込み層では、フィルタにより特徴の抽出が行われますが、これは先ほどの単純型細胞に対応します。また、プーリング層においては位置の微妙なずれが吸収されますが、これは先ほどの複雑型細胞に対応します。

　例えば、猫の写真を学習済みのCNNに入力すると、90%でネコ、6%でイヌ、3%でウサギ、1%でネズミのように、その物体がどのグループに分類される確率が最も高いかを教えてくれます。

　それでは、畳み込み層とプーリング層について、その仕組みを学んでいきましょう。

④-③-③　畳み込み層

　まずは、畳み込み層についてです。先ほど解説した通り、この層では一次視覚野の単純型細胞に対応する処理が行われます。

　畳み込み層では、画像に対して「畳み込み」という処理を行うことで、画像の特徴を抽出することができます。この畳み込み処理により入力画像を特徴が強調されたものに変換します。

　畳み込みは、フィルタを用いて行われます。 図4.8 に、フィルタによる畳み込みの例を示します。

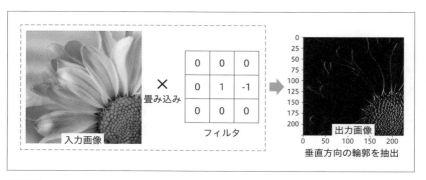

図4.8　フィルタによる畳み込みを利用した特徴の抽出

　入力画像に対して、マトリックス状に数値が並んだフィルタを使って畳み込みを行い、ある特徴が抽出された出力画像を得ることができます。 図4.8 の場合では、このフィルタの特性により垂直方向の輪郭が抽出されています。

　以上のように、畳み込み層では単純型細胞のように輪郭やその傾きの検出が行われます。

4 3 4 プーリング層

　次に、プーリング層の解説をします。先ほど解説した通り、この層では一次視覚野の複雑型細胞に対応する処理が行われます。プーリング層は通常畳み込み層の直後に配置されます。

　図4.9 では、プーリング層における入力画像の各ピクセルを数値で表しています。

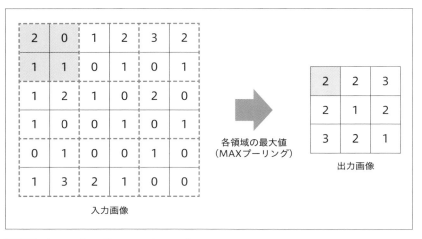

図4.9 プーリングの一種、MAX プーリング

　プーリング層では、図4.9 に示すように画像を各領域に区切り、各領域を代表する値を抽出し並べて出力画像とします。このような処理が、プーリングと呼ばれます。図4.9 の場合は各領域の最大値を各領域を代表する値としていますが、これはMAX プーリングと呼ばれます。

　また、図4.9 で示されているように、プーリングを行うと画像が縮小されます。例えば8×8ピクセルの画像に対して2×2の領域でプーリングすると、画像のサイズは4×4になります。これにより、出力画像は位置の微小なずれが吸収された、本質的な特徴を表す画像となります。

　プーリングは言わば画像をぼかす処理なので、対象の位置の感度が低下します。従って、対象の位置が多少変化しても結果は同じようになります。プーリング層は、複雑型細胞のように位置の変化に対する頑強性を与えることになります。

④-③-⑤ CNNと視覚野の比較

それでは、ここでCNNと視覚野の関係を 表4.2 にまとめます。

表4.2 CNNと視覚野の比較

	CNN	視覚野
輪郭と傾きの検出	畳み込み層	単純型細胞
位置ずれの吸収	プーリング層	複雑型細胞
バックプロパゲーション	学習に必要	相当する現象の存在は考えにくい
出力	出力により分類	CNNほど明確ではない
正解	学習に必要	CNNほど明確ではない
情報の流れ	次の層に流れる	一次視覚野→二次視覚野のように皮質の領域を流れる

　輪郭と傾きの検出は、CNNでは畳み込み層が、視覚野では単純型細胞が担います。位置ずれの吸収については、CNNではプーリング層が、視覚野では複雑型細胞が担います。

　バックプロパゲーションについてですが、CNNの場合も通常のニューラルネットワークと同様にバックプロパゲーションによる学習を必要とします。それに対して、視覚野においてバックプロパゲーションに相当する現象が起きているとは前節で説明した通り考えにくいです。

　出力に関してですが、CNNは出力により分類を行います。それに対して、視覚野の場合はCNNほど出力が明確ではありません。

　また、CNNの場合は学習に正解データが必要です。それに対して視覚野の場合の正解ですが、こちらはCNNほど明確ではありません。

　情報の流れに関してですが、CNNの場合は次の層に流れます。それに対して、視覚野の場合はおおまかに一次視覚野から二次視覚野へのように大脳皮質の領域を流れると考えられています。

　ここまでCNNと視覚野を比較してきました。CNNと視覚野、どちらも特徴の検出に優れており、部分的に共通の仕組みを持っています。これも、脳と人工知能の接点の一例なのではないでしょうか。

4.4 強化学習

次に、強化学習について解説します。動物が持つ快感を得て不快を避けようとする仕組みを、人工知能に取り入れる方法を学んでいきましょう。

4 4 1 強化学習とは？

強化学習は「環境において最も報酬が得られやすい行動」を学習する、機械学習の一種です。動物は、美味しい、美しい、心地よいなどのポジティブな感情を多く得られるように、痛い、醜い、苦しいなどのネガティブな感情を避けるように行動します。しかし、AIは生来このような感情を持っていません。AIが自律性を備えるためには行動の指針が必要なのですが、この感情のような仕組みを模倣できればそのような指針になるでしょう。「強化学習」では報酬を最大化するように行動が選択されるので、ある意味そのような感情を模倣する仕組みとして機能しているのかもしれません。

そして、強化学習の中でも近年特に注目を集めている深層強化学習はディープラーニングと強化学習を組み合わせたものです。図4.10は深層強化学習の一種、Deep Q-Networkの例です。Deep Q-NetworkはDQNとよく略されます。

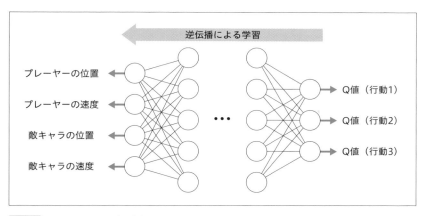

図4.10 Deep Q-Networkの例

図4.10 の例では、プレーヤーや敵キャラの位置や速度から、各行動のQ値をニューラルネットワークにより計算します。Q値は、プレーヤーが現時点で行動を選択するための基準となる値です。プレーヤーは、その時点での状態から各行

動のQ値を計算し、基本的にQ値が最大の行動をとります。最初はQ値はでたらめな値ですが、行動ごとに少しずつパラメータを調整することで、最適なQ値が得られるようにニューラルネットワークは学習します。

④ ④ ② Cart Pole問題

それでは、このようなDQNを使って、強化学習の古典的な問題であるCart Pole問題を扱ってみます。 図4.11 にCartとPoleの図を示しますが、Cartを左右に移動させて、上に乗ったPoleが倒れないようにします。

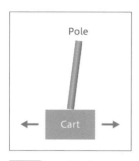

図4.11 CartとPole

子供の頃、手のひらに棒を乗せて、バランスをとって倒れないようにする遊びを経験した方も多いのではないでしょうか。Cart Pole問題では、これに必要な頭脳をAIが担当することになります。

この際に左右どちらに動かすかは、DQNに判断させます。この場合のDQNの構成は 図4.12 の通りです。

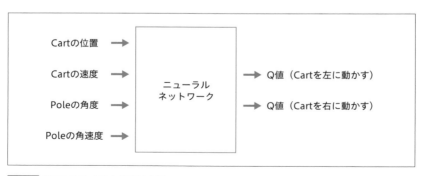

図4.12 DQNでCart Pole問題を扱う

入力として、Cartの位置、Cartの速度、Poleの角度、Poleの角速度を与えます。これらの値をニューラルネットワークで処理し、Cartを左に動かす行動のQ値と、Cartを右に動かす行動のQ値を得ます。Cartは、この2つの行動のうちQ値が大きい方を選択します。

4-4-3 Cart Pole問題における報酬

次に、Cart Pole問題における報酬について解説します。Cart Pole問題では一定時間ポールを立てることができたら正の報酬が発生し、ある程度傾いてしまったら負の報酬が発生するようにします。これを 図4.13 に示しますが、この例では一定時間キープできたら報酬として+1を、45°以上傾いてしまったら負の報酬として-1を与えるようにしています。

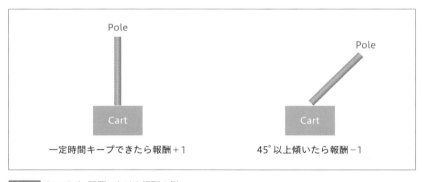

図4.13 Cart Pole問題における報酬の例

この報酬とQ値をもとに誤差を計算し、バックプロパゲーションにより誤差が小さくなるようにネットワークの重みとバイアスを更新します。

これにより、学習が進みプレーヤーは次第に最適な行動をとれるようになります。

4-4-4 Cart Pole問題のデモ

以下のURLの動画はCart Pole問題のデモになります。静止画だけではわかりにくいので、ぜひ動画の方をご覧ください。

• Cart Pole問題
  URL https://youtu.be/dIBuINW8Mig

最初は失敗ばかりですが、負の報酬から失敗を避けるように学び、次第にコツをつかんでいきます。そして、立った状態をキープできると正の報酬を得て、この報酬をさらに得られるように学んでいきます（図4.14）。

図4.14 失敗すると負の報酬を得て（左）、成功すると正の報酬を得る（右）

報酬に対する評価を「成功してうれしい」「失敗して悲しい」といった感情のようなものと考えると、大脳辺縁系や大脳基底核における感情と行動の結びつきに似ています。例えばラットの場合、ボタンを押した時に正の報酬（チーズなど）や負の報酬（電気刺激など）を与えることで、行動と結果の結びつきを学習することが知られています。感情と行動を結びつける脳の部位には、大脳辺縁系の扁桃体や側坐核などがありますが、これらについてはChapter2で解説しました。

📝 **MEMO**

感情

感情は、身体感覚に関連した「無意識な感情（情動）」と、大脳皮質が深く関わる「意識的な感情」によく分類されます。しかしながら、ヒトの感情は極めて複雑なため厳密に分類するのは困難です。

なお、強化学習では最初のうちはランダムな行動の割合を大きくし、次第に学習結果に基づく行動の割合を大きくすると学習がうまく進むことが知られていま

す。人間が若い時に行動の多様性を好み、歳をとると経験に基づく行動を好むようになるのに似ていますね。

　このように、強化学習は動物の感情のような仕組みを使って、複数の選択肢の中から最も好ましいものを選択できるように学習することができます。

④-④-⑤ 強化学習と大脳辺縁系、大脳基底核の比較

　それではここで、強化学習と大脳辺縁系、大脳基底核の関係を 表4.3 にまとめます。

表4.3 強化学習と大脳辺縁系、大脳基底核の比較

	強化学習	大脳辺縁系、大脳基底核
正の感情	正の報酬	側坐核、線条体、淡蒼球、etc …
負の感情	負の報酬	扁桃体、線条体、etc …
入力	現在の状態	脳の他の部位から投射
出力	Q学習の場合、Q値が出力	脳の他の部位へ投射

　まずはうれしい、楽しいなどの正の感情についてですが、強化学習では正の報酬に対応します。それに対して、大脳辺縁系や大脳基底核では、正の感情は側坐核、線条体、淡蒼球などの活動に対応するようです。

　次に、悲しい、怖いなどの負の感情ですが、強化学習では負の報酬に対応します。それに対して、大脳辺縁系や大脳基底核では、負の感情は扁桃体、線条体などの活動に対応します。

　また、強化学習の場合は、入力が現在の状態となります。現在の状態とは、例えば現時点における Cart や Pole の位置や速度などのことです。大脳辺縁系や大脳基底核の場合は、入力は脳の他の部位からの投射になります。

　出力に関してですが、強化学習の一種であるQ学習の場合、Q値が出力となります。それに対して、大脳辺縁系や大脳基底核の場合は、出力は脳の様々な部位への投射です。

　ここまで強化学習と大脳辺縁系、大脳基底核を比較してきました。強化学習と大脳の深いところで行われている処理は類似点が多く、これも脳と人工知能の接点の1つなのではないでしょうか。

4.5 教師なし学習と大脳皮質

　ここでは、教師なし学習と大脳皮質について解説します。脳において最も高度な機能を発揮する部位と、人工知能の接点について学んでいきましょう。

4 5 1 大脳皮質における処理の特徴

　それではまず、大脳皮質における処理の特徴について解説していきます。図4.15 に大脳皮質の断面写真を示しますが、大脳皮質は大脳の表面を薄く覆う部位です。

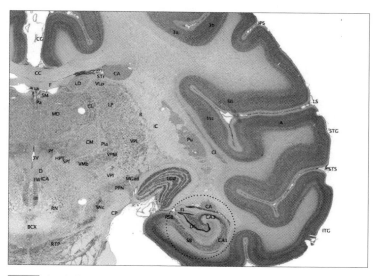

図4.15 大脳皮質の断面写真

出典 https://en.wikipedia.org/wiki/Cerebral_cortex より引用（CC BY 3.0）
File:Brainmaps-macaque-hippocampus.jpg、brainmaps.org

　大脳皮質で行われている処理には、以下のような特徴があります。

- 教師データが必要ない
  - → 正解は必ずしも必要なく、入力や内部に保持された記憶をもとに、演算や学習が行われます。

- 自律的
  - → 大脳皮質における処理は、実行のタイミングを外部で決める必要はありません。

また、入出力を必ずしも必要としません。入出力の有無に関わらず、自発的な活動が継続しています。

- 回帰的
  - → 入力から出力への一方通行ではなく、無数のループ接続を含みます。

他にも様々な特徴が大脳皮質にはありますが、教師なし学習、教師あり学習、強化学習の3つから選ぶとすれば、上記の理由により教師なし学習に最も近いと考えられます。

④-⑤-② 教師なし学習とは？

それではここで、教師なし学習について解説します。教師なし学習は、大脳皮質のように正解データを必要としない機械学習のグループです。本書では強化学習を教師なし学習に含めませんが、含めることもあります。

今回は、教師なし学習の中でも大脳皮質における処理に近いと考えられる以下のアルゴリズムを解説します。

- オートエンコーダ
- 生成モデル
- 主成分分析
- ボルツマンマシン

もちろん、他にも様々なアルゴリズムが教師なし学習に分類されます。

④-⑤-③ オートエンコーダ

オートエンコーダ、あるいは自己符号化器と呼ばれるニューラルネットワークは、図4.16 に示すように、EncoderとDecoder、そしてそれらより小さい中間層で構成されます。

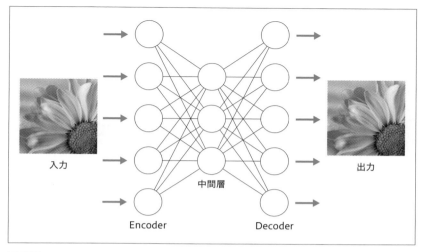

図 4.16 オートエンコーダ

　こちらの **図 4.16** において、入力は画像であり、出力はそれを再現した画像となります。中間層のニューロン数は、入出力画像のピクセル数よりも少なくなります。オートエンコーダでは出力が入力を再現するようにネットワークは学習しますが、中間層のサイズは入力よりも小さいので、中間層ではデータが圧縮されることになります。

　入力情報を圧縮して保存し、必要に応じて復元する点において、オートエンコーダには大脳皮質における長期記憶と共通点があるように見えます。

④-⑤-④ 生成モデル

　私たちの脳は、過去の経験から学んだ膨大なパターンをもとに、あらたなパターンを生成することができるようになっています。そのパターンは、アイデアなどの概念であったり、絵画などの創作物であったりしますが、ディープラーニングによって徐々にその生成が可能になってきています。

　「生成モデル」は、学習データを学習し、そのデータに似たあたらしいデータを生成します。人工知能が可能にするのは、予測や識別だけではありません。生成モデルは、過去の多くのパターンをもとに、あらたなパターンを生成することができます。

　代表的な生成モデルに、「VAE」と「GAN」があります。

　VAE（Variational Autoencoder）は、データの特徴を潜在変数と呼ばれる少

数の変数に圧縮して復元します。潜在変数が連続的な分布であるために、潜在変数を調整することで復元されるデータの特徴を調整することが可能です。VAEを応用することで、潜在変数の調節により復元される顔の特徴を変化させることなども可能になります。オートエンコーダは中間層で入力を圧縮しますが、VAEは潜在変数で入力を圧縮することになります。

GAN（Generative Adversarial Network）では偽物を生成するGenerator（生成器）と偽物を見抜くDiscriminator（識別器）の2つのニューラルネットワークが競い合うようにして学習することで、本物らしいデータが生成されていきます。図4.17に、例として画像データを生成するGANを示します。

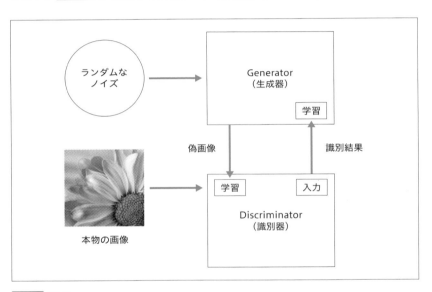

図4.17 GAN

Generatorは言わば偽物を作る側で、Discriminatorをだますことを目的としています。ランダムなノイズを入力して偽画像を作成し、Discriminatorによる識別結果が「本物」となるように学習が進んでいきます。Discriminatorは偽画像を見破る側で、Generatorの作った偽画像を見破ることを目的としています。本物の画像とGeneratorが生成した偽画像、両者を訓練データとしてほんのわずかな違いも見破れるように訓練されていきます。

例えるなら、Generatorは絵画の贋作者で、Discriminatorは鑑定者です。贋作者は鑑定者をだまそうと、鑑定者は偽物を見破ろうとお互いに切磋琢磨することで、次第に本物らしい絵画が生成されていくことになります。このように、

GANを上手に訓練すれば意味のないノイズから有用なデータが生成されるようになります。2つのニューラルネットワークがうまく協調すれば様々なデータの生成が可能になるので、GANは大きな期待を集めています。

　大脳皮質が持つあらたなパターンを生成する力、すなわち「想像力」に近い能力を、生成モデルは発揮します。「理解」だけではなく「創造」も、ヒトの知能が持つ重要な特性です。

4-5-5 主成分分析

　次に、主成分分析について解説します。主成分分析はPCA（Principle Component Analysis）とも呼ばれますが、多くの次元を持つデータを、データの情報を損なわないまま低次元のデータに要約します。

　主成分分析により、例えば10科目の成績を第一主成分、第二主成分という2つの次元に要約することで、図4.18のように平面でも直感的にデータの傾向を表すことが可能になります。

　図4.18では、長い矢印の方向が第一主成分で、短い矢印の方向が第二主成分になります。

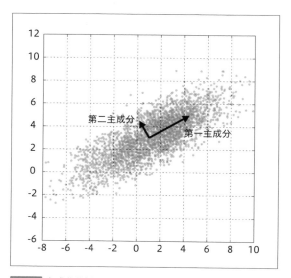

図4.18 主成分分析

大脳皮質でも、冗長な入力に対して次元の圧縮のようなことが行われており、主成分分析に似た処理の存在が推測されます。

4-5-6 ボルツマンマシン

ボルツマンマシンは、全てのニューロンが互いに接続された、情報の伝播が確率的かつ双方向に行われるニューラルネットワークです。図4.19 にボルツマンマシンの例を示しますが、全てのニューロンがお互いに接続されており、接続に向きがありません。

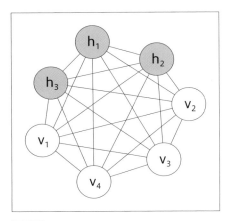

図4.19 ボルツマンマシン

通常のニューラルネットワークと異なり、情報が伝播するかどうかは確率で決まります。シナプス強度に対応する、ニューロン間の重みは、ヘブ則に似たルールにより更新されますが、この点は大脳皮質に似ています。

また、複数のニューロンの因果関係をネットワークで表現していますが、この点も大脳皮質のネットワークに似ています。実際の大脳皮質では、全てのニューロンが互いに接続されているわけではありませんが、一部のニューロン間でしか接続されない「制限ボルツマンマシン」というネットワークもあります。制限ボルツマンマシンは、音声認識ソフトウェアなどで利用されています。

ここまで教師なし学習の手法をいくつか挙げてきましたが、それぞれ大脳皮質における処理の一部に似ています。大脳皮質はまだまだ謎が多いのですが、研究の発展により大脳皮質の処理に近い教師なし学習の手法が、これから生まれてくるかもしれません。

4.6 過学習と汎化能力

　　ここでは、過学習と汎化能力について解説します。いわゆる汎用性は、脳において人工知能においてもとても大事な概念です。

4 6 1 知能と汎用性

　　脳の持つ最も優れた特性の1つは、その汎用性です。爪や牙は獲物を捕らえることぐらいにしか使えませんが、脳は道具の製作やコミュニケーションなどを可能にする非常に汎用性が高い器官です。現状のAIは、ごく限定された状況においてのみ高い能力を発揮します。砂漠から北極圏、都市での生活まで幅広く適応可能なヒトの知能の汎用性には、まだまだ遠くおよびません。例えばクジラの消化管にのみ適応した寄生虫や、深海に生息するシーラカンスのように環境を限定することで生き残った動物もいますが、高度に進化した動物の知能は様々な環境に適応できる汎用性を備えています。例えば、ヒトと異なる進化経路で汎用性の高い知能を獲得したタコやイカなどの頭足類は、時として本当に「心」があるのではないか、と我々に感じさせることさえあります。

　　「汎用性」は、「知能」のクオリティの重要な評価基準の1つですが、人工知能も汎用性が高いものが望まれます。なお、人工知能の究極の目的の1つは、ヒトの脳並み、あるいはそれ以上の汎用性を持つ「汎用人工知能」ですが、これはまだ実現されていません。

4 6 2 過学習と汎化能力

　　次に、「過学習」と「汎化能力」について解説します。過学習は、人工知能が特定のデータに過剰に適合してしまった状態です。過学習に陥ると、多様なデータに対応できる汎用性が失われてしまいますが、この汎用性のことを機械学習の分野では汎化能力と呼びます。

　　なお、現実世界の様々な現象を「過学習」で説明することもできます。　例えば、大企業病は企業がある時代のある環境に過剰に適応した結果と考えることもできます。テストの一夜漬けは、テストに過剰に特化した勉強のスタイルです。さらに、恐竜が絶滅したのは、その当時の地球環境に過剰に適応し体を大きくし過ぎたのが一因と考えることもできるでしょう。また、寿命が存在するのは種全体が過学習に陥るのを防ぐためと考えることもできます。

人工知能においても、過学習に陥ると未知のデータに対応できなくなってしまいます。そのため、汎化能力を保つための工夫が必要です。

4-6-3 汎化能力が高い例

　それではここで、汎化能力が高い例を見ていきます。教師あり学習においては、出力と正解が近くなるように、すなわち出力と正解の誤差が小さくなるように人工知能を訓練します。図4.20は、横軸を訓練回数、縦軸を出力と正解の誤差とした関数です。

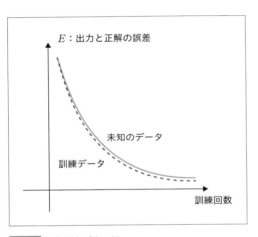

図4.20 汎化能力が高い例

　汎化能力が高い場合は、訓練を重ねると、人工知能の学習に用いる訓練データだけではなく未知のデータに対しても誤差が小さくなります。このように、汎化能力は未知のデータに対する高い性能として観察することができます。

4-6-4 汎化能力が低い例

　次に、汎化能力が低い例を見ていきます。

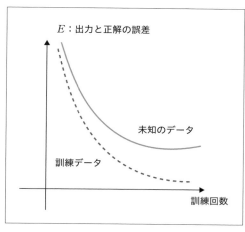

図4.21 汎化能力が低い例

　汎化能力が低い場合は、**図4.21**で示すように訓練を重ねると訓練データの誤差は低下しますが、未知のデータに対しての誤差は小さくなりません。この時、訓練データへの過剰な適合、すなわち過学習が起きています。

　このような過学習が発生すると、人工知能は汎用性を失ってしまい、性能が大きく低下してしまいます。

4-6-5 過学習対策

　それでは、そのような過学習にはどのような対策を行えばよいのでしょうか。**図4.22**は、ディープラーニングにおける過学習対策の1つであるドロップアウトを表しています。

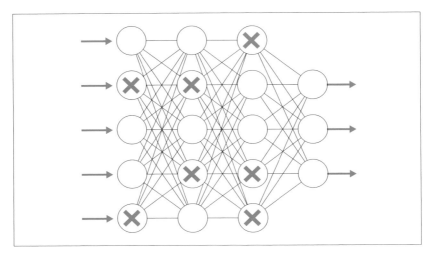

図4.22 ドロップアウト。青い×は無効になったニューロンを表す

図4.22 で示されているように、ドロップアウトではニューラルネットワークにおいて毎回異なるニューロンをランダムに無効にします。これにより、実質的に毎回異なるネットワーク構成で学習を行うことになります。

ドロップアウトは、経験上汎化能力を大きく向上させることが知られています。ヒトの脳と同じく、物事を様々な方法で学習すると汎化能力が高くなる傾向があるようです。例えば、人が様々な経験を重ねて成長していくのと似ているかもしれません。なお、複数の手法をまとめあげる学習方法は、機械学習の分野でアンサンブル学習という名前で知られています。

4.7 Chapter4のまとめ

このChapterでは、脳と人工知能の関係について学びました。脳と人工知能には様々な共通点あり、機械学習の中には部分的に脳に似ているアルゴリズムもありますが、ヒトの脳のような汎用性を持つのはまだまだ難しそうです。

ここまでの内容を踏まえて、次のChapterでは脳科学の最大の問題の1つ、「意識」の謎を探索します。

4.8 小テスト：脳と人工知能

4 8 1 演習

問題

　ここまでの知識を確認するための小テストです。復習と知識の整理のためにご活用ください。

1. 人工ニューロンにおいて、シナプスの伝達効率に相当するものは何でしょうか？

   1. 重み
   2. バイアス
   3. 活性化関数
   4. 層

2. ニューラルネットワークにおいて、1層ずつさかのぼるように誤差を伝播させて重みとバイアスを更新するアルゴリズムは何と呼ばれていますか？

   1. 畳み込み
   2. バックプロパゲーション
   3. プーリング
   4. ドロップアウト

3. 生物の視覚をモデルとしており、画像認識を得意とするニューラルネットワークは次のうちどれですか？

   1. 畳み込みニューラルネットワーク
   2. 再帰型ニューラルネットワーク
   3. GAN
   4. ボルツマンマシン

4. 次のうち、「強化学習」の説明として正しいものを選択してください。

1. 生物の「群れ」を模倣
2. 生物の「遺伝子」の仕組みを模倣
3. 多数の層からなるニューラルネットワークを用いた学習
4. 「環境において最も報酬が得られやすい行動」を学習する機械学習の一種

5. 次のうち、基本的に「教師なし学習」でないものを選択してください。

1. ディープラーニング
2. オートエンコーダ
3. 主成分分析
4. ボルツマンマシン

解答例

1. 解答：1

　　人工ニューロンへの入力には、重みを掛け合わせます。重みは結合荷重とも呼ばれ、入力ごとに値が異なります。この重みの値が脳のシナプスにおける伝達効率に相当し、値が大きければそれだけ多くの情報が流れることになります。

2. 解答：2

　　ニューラルネットワークは、出力と正解の誤差が小さくなるように重みとバイアスを調整することで学習することができます。1層ずつさかのぼるように誤差を伝播させて重みとバイアスを更新しますが、このアルゴリズムは、バックプロパゲーション、もしくは誤差逆伝播法と呼ばれます。

3. 解答：1

　　畳み込みニューラルネットワークはConvolutional Neural Networkの訳で、CNNとよく略されます。CNNは、生物の視覚をモデルとしており、画像認識を得意としています。

4. 解答：4

　　強化学習は「環境において最も報酬が得られやすい行動」を学習する機械学習の一種です。強化学習の中でも近年特に注目を集めている深層強化学習は、ディープラーニングと強化学習を組み合わせたものです。

5. 解答：1

　　多数の層からなるニューラルネットワークによる機械学習のことを、ディープラーニングもしくは深層学習と呼びます。これは、基本的に正解が必要な「教師あり学習」に分類されます。

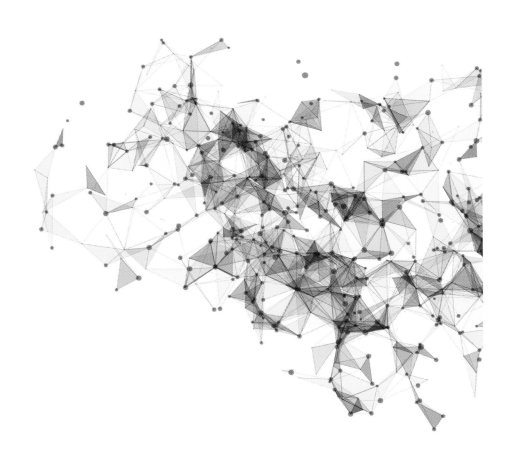

Chapter 5

「意識」の謎を探る

このChapterでは、いよいよ「意識」の謎に踏み込みます。我々が持つ意識とは何で、脳のどこに宿っているのか、一緒に考えていきましょう。

5.1 概要：「意識」の謎を探る

最初に、このChapterの概要を解説します（ 図5.1 ）。

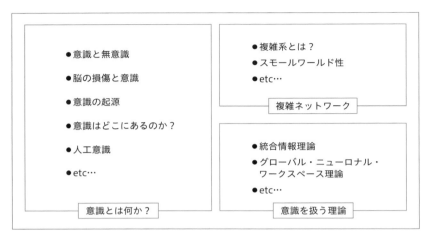

- 意識と無意識
- 脳の損傷と意識
- 意識の起源
- 意識はどこにあるのか？
- 人工意識
- etc…

意識とは何か？

- 複雑系とは？
- スモールワールド性
- etc…

複雑ネットワーク

- 統合情報理論
- グローバル・ニューロナル・ワークスペース理論
- etc…

意識を扱う理論

図5.1 「意識」の謎

　このChapterでは、まず意識と無意識、脳の損傷と意識、意識の起源などについて考察し、「意識とは何か？」「意識はどこにあるのか？」を探っていきます。その上で、結局意識はどこにあるのか、について仮説を立てます。また、意識を人工物に宿そうとする試み、人工意識についても触れていきます。

　また、意識の仕組みの候補として、複雑ネットワークについても解説します。複雑系とは何か、を踏まえた上で、スモールワールド性などの複雑ネットワークの性質を大脳皮質との関係と共に解説します。

　そして、意識を扱う既存の理論を簡単に紹介します。意識を扱う有力な理論として、統合情報理論やグローバル・ニューロナル・ワークスペース理論などがあります。

　意識の正体と、それを人間の手で再現できる可能性について、皆さんそれぞれの洞察力を深めていきましょう。

5.2 意識とは?

最初に、「意識」の入り口として様々な角度から意識の概要を解説します。

5-2-1 「意識」という言葉

それでは、意識とは何か、それを言葉で表そうとするとどのようになるのでしょうか。「意識」という言葉は、以下のような意味で使われることが多いようです。

1. 覚醒（起きている）状態にあること
   → 深く眠っている状態や昏睡状態は意識がないとします。
2. 自身の状態や、周囲の状況などを認識している状態
   → SFなどでたまに使われる「ロボットに意識がある」という言葉はこの意味です。
3. 注意を払うこと
   → 「意識が逸れる」、「安全を意識する」などの言葉はこの意味になります。

他にも意識という言葉は様々な意味で使われますが、本書は人工知能と関連した領域を扱うので、以降は上記の2に近い意味で意識という言葉を使います。

5-2-2 意識と脳の損傷

次に、意識と脳の損傷の関係について考察します。脳に対する入出力がなくても、意識活動は存在します。目や耳を閉じても、いっさいの感覚を遮断しても意識は存在します。言わば、意識は脳の中の独立世界です。

また、小脳を摘出しても意識そのものにはほとんど影響を与えません。腫瘍や外傷で小脳を摘出した患者は、運動がぎこちなくなるものの意識は正常のままです。しかし、 図5.2 で示す大脳皮質を損傷すると、損傷部位によって異なる意識の機能が失われます。

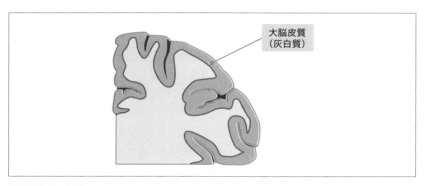

大脳皮質
（灰白質）

図5.2 大脳皮質

出典 `https://ja.wikipedia.org/wiki/`大脳皮質 より引用・作成（パブリックドメイン）

　例えば、視覚野を損傷すると視覚の感覚が、聴覚野を損傷すると聴覚の感覚が、意識にのぼらなくなります。意識には大脳皮質が重要な役割を果たしていますが、意識を担う特殊な狭い領域が存在するわけではないようです。意識は、大脳皮質の広い領域が関係しているようです。意識にのぼらない神経活動を「無意識」と呼びますが、脳の活動の大半は無意識が占めます。意識の活動は、脳全体の活動のごく一部にしか過ぎないようです。

🔵5🔵2🔵3 人工意識

　それでは、そのような意識を人工的に作ることは可能なのでしょうか。先ほど少し触れましたが、実は人工知能という分野があるように人工意識という分野があります。人工意識の研究は、人工物に意識を宿すことを目的とした研究分野です。

　人工意識では、人工ニューラルネットワークのように、入力に対応した出力が必ず得られるわけではありません。また、何をもって意識を持っているとみなすか、判定するのは非常に難しい問題です。そして、人工意識は、知能を統合するという意味で「汎用人工知能」に近い概念です。

　図5.3 は概念的な人工意識の一例で、ロボットの身体を制御する人工知能モジュールを、人工意識が統合します。

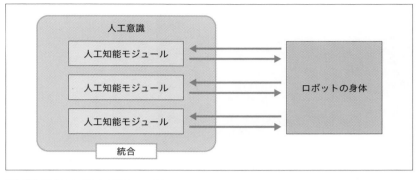

図5.3 概念的な「人工意識」の一例

　しかし、意識が宿ったと確実にいえる人工物は、今の段階では地球上には存在しません。

5-2-4 意識の起源

　それでは、この「意識」というものの起源はどこにあるのでしょうか。意識を持つことは、自身や環境を観察し、重要な判断を下す上で生存競争上有利と考えられます。そもそも意識を定義するのが難しいため、進化のどの段階で意識が誕生したのかをはっきりと特定するのは難しい問題です。

　けれども、動物が眼を獲得し、現在の動物種の枠組みができた、カンブリア紀はその一番の候補なのではないでしょうか。眼の獲得により受け取る情報量が格段に増えたので、意識を持つようになり様々な情報を統合した判断が可能になった種が、生存上有利になったと考えることもできます。

　なお、大脳皮質は脊椎動物のみが持ちヒトのものが特に発達していますが、脊椎動物とは別系統の頭足類（　図5.4　）や節足動物（　図5.5　）にも、意識の存在が垣間見えることがあります [参考文献15]。

図5.5 昆虫や甲殻類などの節足動物

　彼らは、大脳皮質とは別の仕組みで、意識のようなものを獲得しているのかもしれません。

📝 **MEMO**

意識の収斂進化

脊椎動物と同様に、タコやイカは高機能な眼を持っています。このように進化の系統が異なっても同様の機能を核とする進化を、収斂（しゅうれん）進化といいます。意識に関しても、複数の系統で収斂進化が起きているのかもしれません。

5.3　意識はどこにあるのか？

　ここでは、意識はどこにあるのか、について考察していきます。様々な脳の変化が意識に与える影響を確かめながら、意識の正体についてさらに深く探っていきましょう。

5・3・1　大脳皮質の損傷と意識

　まずは、大脳皮質の損傷と意識の関係について解説します。　図5.6　に示すように、大脳皮質は大きく前頭葉、頭頂葉、後頭葉、側頭葉に分けることができます。

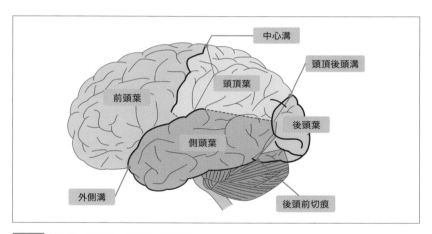

中心溝
頭頂後頭溝
頭頂葉
前頭葉
後頭葉
側頭葉
外側溝
後頭前切痕

図5.6　前頭葉、頭頂葉、後頭葉、側頭葉

出典　https://ja.wikipedia.org/wiki/脳葉 より引用・作成（パブリックドメイン）

　これらの領域が損傷を受けると、損傷を受ける領域により異なる意識の機能が失われます。

- 前頭葉の損傷
  - → 問題解決、計画立案、自制などの能力が失われることがあります。
- 頭頂葉の損傷
  - → 感覚の識別、日常動作、場所の認識などが困難になることがあります。
- 後頭葉の損傷
  - → 視覚による物体の認識能力が失われることがあります。

- 側頭葉の損傷
  → 言語、記憶、音声認識などの能力が失われることがあります。

　以上により、大脳皮質の様々な領域がそれぞれ異なる意識の機能を担っていると考えることができます。

5-3-2 盲視と意識

　次に、盲視と意識について解説します。図5.7 で示す一次視覚野を損傷すると、無意識では物体に反応できるのに、意識が物体を認識できなくなることがあります [参考文献16]。

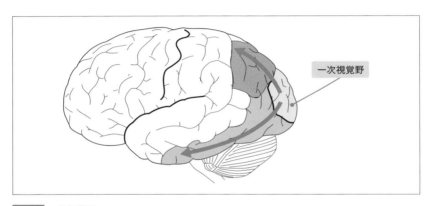

一次視覚野

図5.7 一次視覚野

出典 https://ja.wikipedia.org/wiki/視覚野 より引用・作成（CC BY-SA 3.0）
File:Ventral-dorsal streams.svg、Selket

　これは盲視と呼ばれますが、点滅する光が「見える」という感覚がないのに、その位置を当てられることがあります。これは、一次視覚野を経由しない、上丘などを経由する別の視覚の経路があるためと考えられますが、この経路の情報は意識にのぼりません。すなわち、意識にのぼる感覚の経路と、無意識で処理される感覚の経路が存在することになります。

　情報が意識にのぼるかどうかは、経路に依存するようです。

5-3-3 分離脳

　ここで、分離脳の例を見ていきましょう。 図5.8 で示すように、左右の大脳半球は脳梁という軸索の束で接続されています。

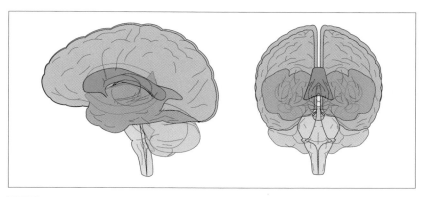

図5.8　脳梁

出典 https://ja.wikipedia.org/wiki/脳梁 より引用・作成（CC BY-SA 2.1 JP）
File:Corpus callosum.png、Life Science Databases（LSDB）

　分離脳は、左右の大脳半球を接続する「脳梁」が切断された状態で、難治性のてんかん患者に対する外科治療の結果、もしくは先天性で起こる状態です。日常生活を送る上で、特に大きな問題はないようです。

　左視野、すなわち両目の視野の左半分の画像は右半球で扱いますが、言語を扱うのは左半球であるため、分離脳の患者は左視野のみで捉えた画像が何なのかを、言葉で答えることができません。しかし、左手が右半球で制御されるため、左視野にある物体を左手でつかむことはできます。

　これは、脳梁切断により意識の流れが遮断されることを意味します。片方の半球における意識が、もう片方の半球における意識にアクセスできなくなるようです。

5-3-4 意識はどこにあるのか？

　それでは、結局意識とは何で、どこにあるのでしょうか？　ここまでの内容をもとに仮説を立てます。

　大脳皮質においては、意識の機能を担う局所的な専門領域が複雑なネットワークを形成してつながっています。意識とは、大脳皮質の特定の場所に存在するの

ではなく、大脳皮質のネットワークにおいて「領域をまたがり局所的かつ大域的に流れる複雑な情報の流れ」なのではないでしょうか。

無意識の場合は、局所的にネットワークが活性化するのみで、大域的には活性化していないと考えられます。一方で小脳の神経細胞ネットワークは大脳と比較して直線的かつ並列的に接続されているので、意識が情報の複雑な流れであるならば小脳には意識は宿らないことになります。実際、以前に述べた通り小脳に損傷を受けても意識が直接影響を受けることはないようです。

大脳皮質に意識が宿るのは、ある種の複雑なネットワークに意識が宿るためなのでしょうか？　そうであれば、人工的に作った複雑なネットワークにも、意識は宿ることはあるのでしょうか？　今の段階では、仮定に仮定を重ねているに過ぎず、実は意識の本質は背景のもっと複雑なメカニズムなのかもしれません。これを検証するためには、なるべくシンプルなものから実際に意識のようなものを作ってみるしかないのでしょう。脳科学の発展、および人工知能技術の発展により、いつか人工意識が実現するのかもしれません。

5.4　複雑ネットワーク

次に、「複雑ネットワーク」という分野を解説します。大脳皮質のネットワークに、複雑系の概念を絡めていきます。

5-4-1　複雑系とは？

それではまず、「複雑系」とは何か、を解説します。複雑系とは、多くの要素からなり、部分が全体に、全体が部分に影響し合って複雑に振る舞うシステムで、複雑な因果関係のネットワークを伴います。

複雑系は、生命・気象・社会・経済などの様々な領域で観察されます。 図5.9 の写真は雲の流れですが、このような大気の流れにも複雑な因果関係を伴う複雑系を観察することができます。

図5.9 大気の流れにおいて観察される複雑系

出典 https://en.wikipedia.org/wiki/Atmosphere_of_Earth より引用（パブリックドメイン）

　とはいうものの、複雑系を厳密に定義することは難しいです。どこからどこまでが複雑系なのか、定義は人によって多少のゆらぎがあります。

　複雑系においては、下の階層にない特性が上位の階層で発現することがあるのですが、このような現象は「創発」と呼ばれます。創発については、5.5.4項で解説します。

　そして、大脳皮質における情報の流れも、局所的な性質と大域的な性質が影響し合う一種の複雑系と考えることができます。この後は、大脳皮質におけるネットワークを一種の複雑系と捉えて考察を進めていきます。

5-4-2 複雑ネットワーク

　次に、このような複雑系の一分野である複雑ネットワークについて解説します。複雑ネットワークは、実世界に存在する巨大で複雑なネットワークの性質について研究する分野です。大脳皮質における神経細胞のネットワークは、ある種の複雑ネットワークと考えることができます。このようなネットワークにおいて、各点は「ノード」と呼ばれ、ノード同士の接続は「エッジ」と呼ばれます。

　複雑ネットワークの例として、インターネットや人間関係などがありますが、このような巨大な複雑ネットワークには、次のような性質があると考えられてい

ます。

- スケールフリー性
  - → 接続が少数のノードに集中する性質です。
- スモールワールド性
  - → 少数のノードを介するだけで全てのノードとつながる性質です。
- クラスター性
  - → ノードが「かたまり」になる性質です。

以上のような性質を備えた複雑ネットワークの例を 図5.10 に示します。

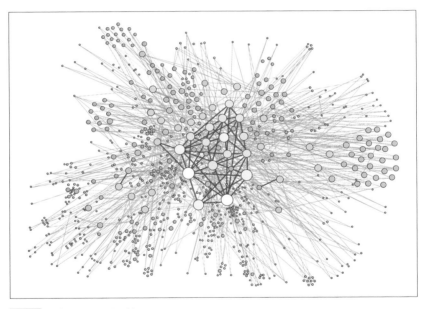

図5.10 複雑ネットワークの例

　接続が集中するノードが存在する一方で、全てのノードが少数のノードを介するだけでつながっています。また、ノードがところどころでかたまりになっている様子を見ることができます。

5.4.3 スケールフリー性

ここからは、複雑ネットワークの3つの性質についてさらに詳しく見ていきます。まずは、スケールフリー性です。

スケールフリー性とは、少数のノードが他の多くのノードと接続されている一方で、その他の大部分のノードはわずかなノードとしか接続されていない性質のことです。図5.11はスケールフリー性を持つネットワークの例ですが、少数のノードのみが多数のノードと接続されており、大多数のノードは少ない接続しか持っていません。

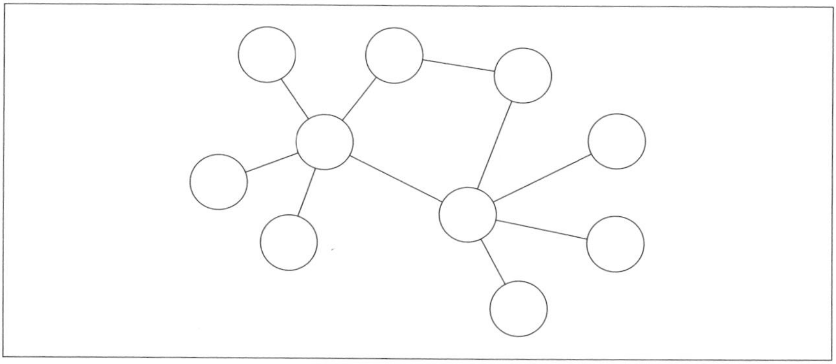

図5.11 スケールフリー性を伴うネットワークの例

このような、多数の接続を持つ一部のノードは、ハブと呼ばれます。各地からの航空路線が集中する空港（ハブ空港）や、SNS上のインフルエンサーなどはハブの例です。

脳においては、多くの入力を持つハブ神経細胞は発火頻度が高くなり、長期増強によりシナプスが強化されやすいため、神経細胞ネットワークに与える影響が大きいと考えることもできます。

5.4.4 スモールワールド性

次に、スモールワールド性について解説します。スモールワールド性は、少数のノードを介するだけで全ての点とつながる性質です。

図5.12にスモールワールド性を持つネットワークの例を示します。

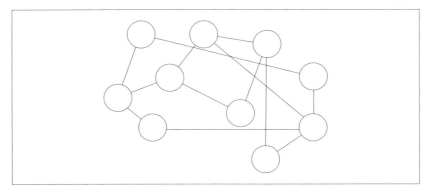

スモールワールド性を伴うネットワークの例

　全ての点が、少数のノードを介するだけでつながっている様子を見ることができます。

　スモールワールド性は、人間関係で言えば一見赤の他人に見えても実際は中間に少数の人を介するだけでつながる「世間は狭い」に相当します。また、スモールワールド性は、インターネット、送電線網、線虫の神経細胞など様々なネットワークで観察されます。

　スモールワールド性を持つネットワークは、遠方のノード同士を結ぶショートカットを伴います。 図5.12 からもわかる通り、このショートカットのおかげでノードは少数のノードを介して全てのノードとつながることになります。

　大脳皮質には投射ニューロンによる遠方接続がありますが、これにより大脳皮質のネットワークはスモールワールド性が生じることになります。

5-4-5 クラスター性

　次に、クラスター性について解説します。クラスター性とは、3つのノードが互いに接続された三角形を多数含む性質です。

　図5.13 にクラスター性を持つネットワークの例を示しますが、3つのノードが形作る三角形をいくつも観察することができます。

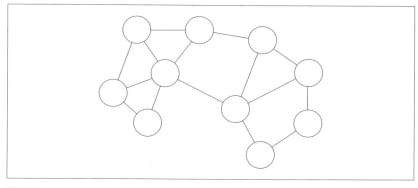

図5.13 クラスター性を伴うネットワークの例

　クラスター性は、人間関係のネットワークでいうと、知人同士が知り合いであ
るような性質です。言わば、クラスター性はノードが「かたまり」になっている
度合いを表します。

　大脳皮質には介在ニューロンによる近傍の接続がありますが、これにより大脳
皮質のネットワークにはクラスター性が生じることになります。

5-4-6 線虫のコネクトーム

　ここまで複雑ネットワークの3つの性質を解説してきましたが、これらの性質
を伴う自然界のネットワークを1つ紹介します。

　体長1mmほどの線虫の一種、C.エレガンスをご存知でしょうか（**図5.14**）。こ
の動物は実験動物として優れており、いくつものノーベル賞に貢献しています。
この線虫の特徴の1つは、体細胞1,000個のうち約300個もの細胞が神経細胞で
あることです。そして、これらの神経細胞の全ての接続がこれまでに明らかに

図5.14 C.エレガンス

なっています。

　神経細胞の接続状態を表す地図のことをコネクトームと呼びますが、図5.15 に示すのはこの線虫のコネクトームです。

図5.15 線虫のコネクトーム

出典 https://ja.wikipedia.org/wiki/コネクトーム より引用（CC BY-SA 3.0）
File:C.elegans-brain-network.jpg、Mentatseb（data computed by D.Watts and S.Strogatz）

　この地図をじっと見ていてわかることは、このネットワークはスケールフリー性、スモールワールド性、クラスター性の3つを兼ね備えたネットワークだということです。これは、ある意味自然界における知性のミニマルな実装、と考えることもできるのではないでしょうか。

　果たして、線虫に意識が存在するかどうか、それはわかりません。動物の知能は複雑ネットワークを伴うのですが、意識が生じるのにどの程度の規模の、どのような形状のネットワークが必要なのかは謎のままです。しかしながら、このような複雑ネットワークを局所的かつ大域的に流れる複雑な情報の流れが、意識と深い関係があるのではないか、と推理することはできるでしょう。意識についてはまだわからないことだらけなのですが、複雑ネットワークは意識の謎にアプローチするための1つのキーとなるかもしれません。

5.5 意識を扱う理論

本節では、意識を扱う既存の理論について解説していきます。

5.5.1 意識の統合情報理論

最初に、意識の統合情報理論 [参考文献17] について解説します。意識の統合情報理論は、精神科医、神経科学者ジュリオ・トノーニによって提唱された、意識の発生を説明する理論です。この理論では、意識には情報の多様性・統合という2つの基本的特性があるとされます。そして、ネットワークが意識を持つためには内部で多様な情報が統合されることが必要であるとされます。言わば、差異と統合のバランスであり、意思の疎通が取れた専門家集団から意識が生まれるイメージです。

また、意識の統合情報理論において、統合された情報の量は統合情報量Φ（ファイ）として定量化されます。Φは意識の量を表すとされますが、大脳皮質はΦが高く、小脳皮質では低いため、意識は小脳皮質ではなく大脳皮質が深く関与すると考えられています。

この説が正しければ、植物状態や麻酔がかかった患者の意識状態の判別が困難であっても、脳の活動からΦを計測することによって意識レベルを定量化できる可能性があります。ただ、意識の統合情報理論はまだ発展途上の理論であり、実験的な検証が十分にされているわけではありません。

5.5.2 グローバル・ニューロナル・ワークスペース理論

次に、グローバル・ニューロナル・ワークスペース理論 [参考文献18] を解説します。グローバル・ニューロナル・ワークスペース理論は神経科学者のスタニスラス・ドゥアンヌらが提唱する意識を扱う理論です。この理論では、無意識で処理される情報は「ワークスペース」に留まるが、注意が向けられると「グローバル・ワークスペース」に入るとされます。

グローバル・ワークスペースは前頭葉や頭頂葉にまたがるニューロン集団により構成され、様々な認知システムから自由にアクセスすることができます。そして、このグローバル・ワークスペースに情報を共有することにより、意識が生じると考えられています。グローバル・ワークスペース内の情報は、計画・抽象思考などに利用可能です。

ドゥアンヌは「意識は脳全体の情報共有である」と主張します。グローバル・ニューロナル・ワークスペース理論は、グローバル・ワークスペースという概念を導入することで意識と無意識の関係などについて包括的に説明する理論です。

5-5-3 意識のハード・プロブレム

ここで、意識のハード・プロブレムという問題を解説します。この場合の「ハード」は、ハードウェアではなく難しいということを意味します。哲学者デイヴィッド・チャーマーズは、意識の問題を2つに分けました。意識のイージー・プロブレムと意識のハード・プロブレムです [参考文献19]。意識のイージー・プロブレムは、物質やシステムとしての脳はどのように情報を処理しているのかという問題です。実は、このChapterで扱ってきた内容は、全てこの意識のイージー・プロブレムに属します。

意識のハード・プロブレムは、我々が感じる主観的な意識体験はどのように発生するのか、という問題です。その名の通り、これは科学で扱うのがとても難しい問題です。1人1人が感じる感覚の質感は「クオリア」と呼ばれますが、脳をどのように観測しても、このクオリアなどの意識体験は観察されません。

例として、トマトの「赤」という色について考えてみましょう。科学的には、我々が「赤」と呼ぶ色は、波長が620〜750nm（ナノメートル）の電磁波です。科学はこの波長を正確に測定することはできますが、我々が「赤」と感じるその性質については何も語ることはできません。この波長領域の電磁波がヒトに「赤」と呼ばれる主観的経験を与える理由を科学は説明することができないとチャーマーズは主張しています。

そのような意味で、ここで扱った「意識の統合情報理論」、および「グローバル・ニューロナル・ワークスペース理論」は意識のイージー・プロブレムに含まれるでしょう。ここで誤解していけないのは、意識のイージー・プロブレムは意識のハード・プロブレムと比較して簡単というだけで、決して人類にとって簡単な問題ではないということです。

意識のハード・プロブレムの問題は、我々の意識は、単なる「電気信号の複雑な流れ」なのだろうかという問いを我々に投げかけます。仮に大脳皮質を再現するプログラムや電気回路ができたとしても、それが本当に意識といえるかどうかについては、今のところまだ決定的な説明はできないようです。

5 5 4 意識の創発

　それでは、本Chapterの最後に意識の創発についてお話しします。「創発」とは各個体の性質の単純な総和に留まらない性質が、全体として現れることです。

　生物の群れは、個体間の局所的な簡単なやり取りを通じて、集団として高度な動きを見せることがあります。例えば鳥の群れには特定のリーダーはいませんが、各個体が単純なルールに従って飛行することで全体で一体の生き物のように振る舞います。各個体が近くの個体と距離を一定に保ち、進む方向と速度を揃えようとした結果、群れはまるで1つの知能を持った生き物のような動きを見せます（図5.16）。

図5.16 鳥の群れ

出典 https://pixabay.com/ja/photos/野生のガチョウ−一群の鳥−冬−1148899/ より引用
（Pixabay License）

　また、シロアリの群れは巨大なアリ塚の構築で知られていますが、シロアリの各個体は全体のことは知らず、周囲の仲間と単純なコミュニケーションをとりながらごく限られた情報をもとに行動しているのみです。しかしながら、シロアリが集団になると空調機能などを備え数百万匹が暮らす極めて高度な都市を構築します（図5.17）。

図5.17 シロアリの塚

　このように、シンプルな法則に従う個体が集団になって高度な特性を発揮することが創発です。脳において個々の神経細胞は全体のことを知らず、周囲の状況に応じて比較的シンプルな機能を発揮するのみです。しかしながら、集合体となり複雑なネットワークを形成することで、全体として脳の複雑な機能が創発します。そのような機能の中の1つに、意識も含まれるのではないでしょうか。いくら個々の神経細胞を観察しても、脳が高度な機能を発揮する理由は見つかりません。

　「群知能」はこのような現象を模倣した人工知能で、近年研究が盛んになっています。群知能では全体を統御する指導者に相当するものがなく、平等な立場の個体の相互作用により全体の特性が決まります。群知能の応用として、交通システムの最適化や、コンピュータグラフィックス、無人機の制御などがあります。

　人工ニューラルネットワークは、ある種の群知能と考えることができるでしょう。ニューラルネットワークには特に全体を統括するようなニューロンはなく、その豊かな表現力は個々のニューロンの演算結果の集合体として発現します。このように言わば「群れ」であるニューラルネットワークの特性を決めるのは、

個々のニューロンの特性、およびニューロン同士の関係性です。個々のニューロンの特性は、どのような活性化関数を持たせるか、重みの初期値をどのように設定するかなどで決まり、ニューロン同士の関係性はニューロンの接続先で決まります。

「創発」「群知能」というキーワードから、脳と人工知能の接点が見えてきました。これらをヒントに人工知能をより脳らしくするためには、人工知能に一体どのような要素を取り込めばいいのでしょうか。

5.6 Chapter5のまとめ

このChapterでは、動物の持つ「意識」について解説しました。意識は扱うのが難しい問題ですが、脳科学や人工知能技術の発展により少しずつアプローチする道筋が見え始めています。

意識は、意識の統合情報理論によれば多様な情報の統合として、グローバル・ニューロナル・ワークスペース理論によれば情報の共有として説明されました。また、意識は個々が集積し統合することにより形作られる創発とも深い関係がありそうです。

ただ、理論や概念を扱うだけでは意識の探索を十分に行えません。別の角度からのアプローチも必要と考えられますが、そのようなアプローチの1つとして「作ってみる」ことにも意義があるのではないでしょうか。次のChapterでは、ここまでの全てのChapterの内容を踏まえ、「意識のようなもの」のアルゴリズムによる構築を目指して実際にプログラムを組んでいきます。

5.7 小テスト：「意識」の謎を探る

5 7 1 演習

問題

　ここまでの知識を確認するための小テストです。復習と知識の整理のためにご活用ください。

1. 次のうち、「意識」に最も深く関与していると考えられる脳の部位はどれですか？

    1. 小脳
    2. 延髄
    3. 大脳皮質
    4. 松果体

2. 次のうち、後頭葉の損傷により失われやすい意識の機能はどれですか？

    1. 問題解決、計画立案、自制
    2. 感覚の識別、日常動作、場所の認識
    3. 言語、記憶、音声認識
    4. 視覚による物体の認識

3. 「分離脳」とは、次の脳の部位のうちどれが切断された状態を指しますか？

    1. 脳梁
    2. 小脳
    3. 海馬
    4. 扁桃体

4. 次のうち、複雑ネットワークの性質に含まれないものはどれですか？

    1. スケールフリー性
    2. 抑制性

3. スモールワールド性
4. クラスター性

5. 次のうち、「意識の統合情報理論」の説明として最も正しいものはどれですか？

1. 無意識で処理される情報は「ワークスペース」に留まるが、注意が向けられると「グローバル・ワークスペース」に入る。グローバル・ワークスペースに情報を共有することにより、意識が生じる。
2. 我々が感じる主観的な意識体験はどのように発生するのか、という問題。
3. 意識には情報の多様性・統合という2つの基本的特性があり、ネットワークが意識を持つためには内部で多様な情報が統合されることが必要である。
4. 例えば鳥の群れには特定のリーダーはいないが、各個体が単純なルールに従って飛行することで全体で一体の生き物のように振る舞う。

解答例

1. 解答：3

　　大脳皮質を損傷すると、損傷部位により異なる意識の機能が失われます。意識には、大脳皮質が重要な役割を果たしていますが、意識を担う特殊な狭い領域が存在するわけではないようです。

2. 解答：4

　　大脳皮質は大きく前頭葉、頭頂葉、後頭葉、側頭葉に分けることができます。後頭葉が損傷を受けると、視覚による物体の認識能力が失われることがあります。

3. 解答：1

　　左右の大脳半球は脳梁という軸索の束で接続されています。分離脳は、この脳梁が切断された状態で、難治性のてんかん患者に対する外科治療の結果、もしくは先天性で起こる状態です。

4. 解答：2

　複雑ネットワークは、実世界に存在する巨大で複雑なネットワークの性質について研究する分野です。複雑ネットワークはスケールフリー性、スモールワールド性、クラスター性の3つを兼ね備えています。

5. 解答：3

　意識の統合情報理論は、精神科医、神経科学者ジュリオ・トノーニによって提唱された、意識の発生を説明する理論です。この理論では、意識には情報の多様性・統合という2つの基本的特性があるとされます。そして、ネットワークが意識を持つためには内部で多様な情報が統合されることが必要であるとされます。

Chapter 6

アルゴリズムによる「意識」の探究

このChapterでは、アルゴリズムで脳、そして「意識」の謎を探究していきます。脳の中でも大脳皮質に注目し、それを模したネットワークをコンピュータのプログラムで構築します。このネットワークにどのようなパターンが生じるのか、ぜひ自身で確認してみてください。多くの方が探究に参加できるように、使用するアルゴリズムは本質を損なわない程度にシンプルにしてあります。

なお、紙面だけでは伝わりにくい内容もありますので、ぜひリンク先の動画の方もご覧ください。

6.1 概要：アルゴリズムによる 「意識」の探究

　まずは、本Chapterの概要を解説します。本Chapterではまず、これまでに行われてきた脳を再現しようとする試みをいくつか紹介します。

　その上で、セル・オートマトンというシンプルな仕組みにより、複雑なパターンが生じる仕組みを解説します。そして、このセル・オートマトンを用いて、大脳皮質のような2次元のニューラルネットワークをプログラムを使って構築します。さらに、シンプルな学習則であるヘブ則を導入し、パターンの変化を確認します。

　神経細胞のネットワークをモデルにした人工ニューラルネットワークは、範囲を限定すれば時としてヒトを凌駕する性能を発揮します。ある種のネットワークを構築すれば、ごく一部にせよ脳の機能のようなものが取り出せるようです。それでは、プログラムによるネットワークの構築の仕方によっては意識のようなものが創り出せるのでしょうか？　このChapterでは脳の中でも大脳皮質に注目し、シンプルなアルゴリズムで大脳皮質を参考にしたネットワークを構築します。その上で、その挙動を観察し知能の本質に対する考察を行います。

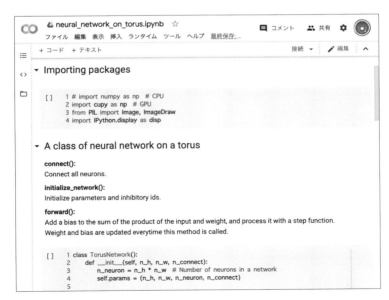

図6.1 Google Colaboratoryの画面の例

　なお、このChapterにおけるシミュレーションのコードは公開されています。Google Colaboratory（ 図6.1 ）上で動かすことができますので、興味のある方はぜひ実行してみてください。Appendix1にシミュレーションの動かし方を記載します。

> 📝 **MEMO**
>
> ### Google Colaboratory
>
> Google Colaboratoryは、クラウド上で動作する研究、教育向けのPythonの実行環境です。ブラウザで手軽に機械学習のコードを動かすことができて、GPUも利用可能なので最近人気を集めています。
>
> ・Google Colaboratory
> 　URL https://colab.research.google.com/

　実行時間を短縮するため、各シミュレーションはGPUを利用する設定になっています。

　GPU（Graphics Processing Unit）は、本来は画像処理に特化したプロセッサですが、計算処理に利用することで人工知能の計算を大幅に高速化することができます。

6.2 　脳を再現する試み

　これまでに、コンピュータ上で脳を再現しようとする様々な試みが世界各国で行われてきました。以下に代表的な例をいくつか紹介します。

6-2-1 Blue Brain

　米国や欧州では、主にヒトの脳を対象にコンピュータを利用して脳を再現しようという試みが行われています。大規模な脳のシミュレーションの例として、2005年にスイス連邦工科大学とIBMが行った「Blue Brain」プロジェクトがあります。このプロジェクトでは、広く使われている人工ニューロンよりもより生物学的に正確な神経細胞のモデルが使われました。げっ歯類の脳を100万個程度の人工ニューロンでシミュレートし、神経信号が脳内に広がる様子が再現されました。

6-2-2 ヒューマン・ブレイン・プロジェクト

ヒューマン・ブレイン・プロジェクトは2013年に欧州で始まった、ヒトの脳を可能な限り忠実に再現しようとする学際的プロジェクトです。ヒトの脳に関するあらゆる科学的知見を、1つのスーパーコンピュータに結集しようとしています。認知症など神経疾患の治療法の確立や、ヒトのように考えるAI、脳型プロセッサを搭載した次世代ロボットなどの先端技術の開発につながることが期待されています。

6-2-3 ブレイン・イニシアチブ

米国では、2013年にオバマ政権が政府と民間の協力でヒトの脳をあらゆる面から解明しようとする巨大国際プロジェクト「ブレイン・イニシアチブ」を立ち上げました。このプロジェクトでは、線虫からショウジョウバエ、ゼブラフィッシュ、マウスと段階的に研究対象の神経ネットワークを拡大することでヒトの脳に迫ろうとしています。また、得られた知見をアルツハイマーや自閉症などの治療法の確立にも役立てようともしています。かつてのマンハッタン計画、アポロ計画、ヒトゲノム計画に並ぶ巨大科学計画と捉えられることもあるようです。

6-2-4 Izhikevichによる大脳皮質のシミュレーション

2004年の論文で報告されたIzhikevichらによる大脳皮質のシミュレーション [参考文献20] では、球面上に10万個の人工ニューロンを 図6.2 のように配置して、神経細胞の電位を微分方程式を使って正確に再現しようとしました。その結果、興奮したニューロンがある種の波を形成することが確認されました。

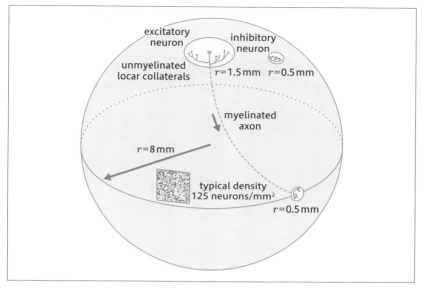

図6.2 球面上における人工ニューロンの接続

出典 ［参考文献20］より引用

6 2 5 全脳アーキテクチャ・イニシアティブ

　全脳アーキテクチャ・イニシアティブは汎用人工知能の実現を目指す日本の
NPO法人です。創設賛助会員にはトヨタやパナソニック、ドワンゴなどの有名
企業が参加し、さらに機械学習や神経科学の専門家が最先端の研究成果を持ち
寄っています。脳の各器官を機械学習のモジュールとして開発し、それらを脳型
の認知アーキテクチャ上で統合するというアプローチで、2030年頃を目標に汎
用人工知能の実現を目指しています。

6 2 6 スーパーコンピュータ「京」によるシミュレーション

　2013年、理化学研究所、ドイツのユーリッヒ研究所、沖縄科学技術大学院大
学は共同で17億3,000万個の神経細胞が10兆4,000億個のシナプスで結合され
た神経ネットワークのシミュレーションを行いました［参考文献21］。世界最速
のコンピュータを使用したのですが（ 図6.3 ）、生物学的な1秒をシミュレートす
るのに40分程度必要としました。動物実験による基礎研究と、このようなシミュ

レーションを積み重ねることで、ヒトの脳の仕組みの解明を目指しています。

図6.3 スーパーコンピュータ「京」

出典 https://en.wikipedia.org/wiki/K_computer より引用（CC BY 2.0）
File: 京コンピュータ (32588659510).jpg、Toshihiro Matsui

　他にも、世界各国の様々な研究機関で脳を再現しようとする様々なアプローチ
が試みられてきました。

　しかしながら、これらのアプローチはスーパーコンピュータや複雑な微分方程
式を使用しており、大多数の人間にとって敷居が高すぎます。コストがかからず、
本質を損なわない程度にシンプルな方法で大脳皮質にアプローチする方法はない
のでしょうか。

　そこで本書では、セル・オートマトンと呼ばれる計算モデルとニューラルネッ
トワークを組み合わせることで、誰にでも大脳皮質にアプローチできる環境を提
供します。

6.3　セル・オートマトン

　セル・オートマトン（Cellular Automaton）は、1940年代に米国の数学者ス
タニスワフ・ウラムとジョン・フォン・ノイマンが基礎となる概念を発見した、
格子状のセルと単純な規則による計算モデルです。セルは「細胞」あるいは「小
部屋」の意味で、オートマトンは「からくり人形」の意味です。セル・オートマ
トンは非常に単純化されたモデルですが、生物の模様や化学反応など様々な自然
現象をシミュレート可能なことが知られています。

⑥ ③ ① セル・オートマトンとは？

　セル・オートマトンにおいて、次の時刻のセルの状態はそのセルおよび周囲の
セルの状態により決定されます。 **図6.4** には、セル・オートマトンにおける「周
囲のセル」の定義の例です。

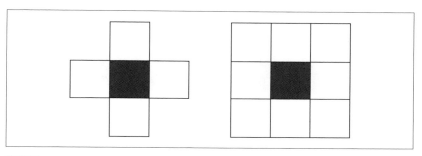

図6.4 セル・オートマトンにおけるフォン・ノイマン近傍（左）とムーア近傍（右）

　フォン・ノイマン近傍では中央のセルは上下左右4つのセルの影響を受けます
が、ムーア近傍では斜め隣のセルも含めた8つのセルの影響を受けます。もちろ
ん、さらに多くの周辺のセルの影響を受ける条件を考えることもできますし、遠
方のセルの影響を受ける条件を考えることも可能です。

　1980年代、イギリス出身の理論物理学者スティーブン・ウルフラムは、熱力
学第二法則に従わないように見える自然界の様々なパターンを理解するためにセ
ル・オートマトンの研究を開始しました。ウルフラムは、単純な規則から生まれ
る予測不能な複雑さを見て、自然界における複雑な現象も同じ原理によって生ま
れているのではないかと考えたようです。

📝 MEMO

熱力学第二法則

熱力学第二法則はエントロピー増大の法則とも呼ばれ、物理学の一分野「熱力学」
における熱は高温から低温に移動するがその逆は起こらないという経験則です。「秩
序がある状態は、その秩序が崩れる方向にしか動かない」と解釈されることもあり
ます。

　全ての現象がセル・オートマトンで説明可能かどうかについては議論がありま
すが、セル・オートマトンは知能の創発を説明するための有望なモデルであるた

め多くの研究者の興味を集めています。

6-3-2 ライフゲーム

　ライフゲームは、イギリスの数学者ジョン・ホートン・コンウェイが考案した
セル・オートマトンの一種です。1970年代、2次元のセル・オートマトンの一種
であるライフゲームは、コンピュータのコミュニティを中心に流行しました。ラ
イフゲームは非常に単純なルールから完全にランダムでもなく完全に規則的でも
ない非常に複雑なパターンが生じるシミュレーションです。セルを格子状に多数
並べるのですが、あるセルの周辺の状態によって、そのセルの次の時刻における
生死が決まります。

　ライフゲーム（ 図6.5 ）のセルには、死んでいるセル（白）と生きているセル
（黒）の2種類があります。これらは、以下のルールにより次の時刻における生死
が決まります。

- 死んでいるセル（白）の周囲に3つの生きているセル（黒）があれば次の時
  刻では生きているセルになる
- 生きているセルの周囲に2つか3つの生きているセルがあれば次の時刻でも
  生きているセルのまま
- これ以外の場合は、死んだセルになる

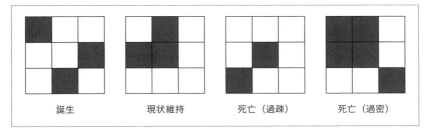

誕生　　　　　　現状維持　　　　死亡（過疎）　　　死亡（過密）

図6.5 ライフゲームのルール。白いセルが死んでいるセルを、黒いセルが生きているセルを表す

　すなわち、セルの周囲に仲間が少なすぎるか過密すぎる場合、セルは死んでし
まうことになります。これは、細菌などの生物の繁殖に似ていますが、実際にラ
イフゲームは生物の群れのような複雑で多様性に富む振る舞いを示します。

　ライフゲームのルールはシンプルですが、これをプログラムを組んで動作させ
ると 図6.6 のような時間と共に変化する複雑なパターンを描くようになります。

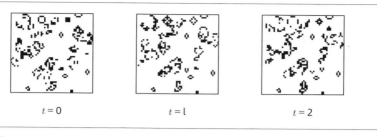

$t = 0$ $t = 1$ $t = 2$

図6.6 ライフゲームが描くパターン。t は時刻を表す

- ライフゲームのコード

URL https://github.com/yukinaga/brain_ai_book/blob/master/lifegame.ipynb

　ライフゲームは、単純なルールから複雑なパターンが出現する創発の一種と考えることもできるでしょう。創発についてはChapter5で解説しています。

　脳においても、比較的シンプルなルールに基づいて動作する神経細胞がネットワークを形成し、実際に機能する複雑なパターンが創発されているのではないでしょうか。以降は、実際にセル・オートマトンとニューラルネットワークを組み合わせたプログラムを組んでいきます。大脳皮質のような、常に複雑な流れを持ち機能するネットワークを構築することは、果たして可能なのでしょうか。

📋 MEMO

セル・オートマトンの有用性

スティーブン・ウルフラムは、2001年の著書『A New Kind of Science』で"Ironically enough, while cellular automata are good fo many things, they turned out to be rather unsuitable for modeling either self-gravitating gases or neural networks."（皮肉なことに、セル・オートマトンは多くのことに優れているが、自己重力ガスやニューラルネットワークのモデリングには不向きであることが判明した）と述べています [参考文献22]。しかしながら、先人の偉大な業績がある一方で、これまでに人類が探索してきた可能性は広大なアルゴリズムの海のごく一部でしかないのも確かです。また、2020年現在は当時と比べるとコンピュータと親しんでいる人数は大幅に増加し、先述したGoogle Colaboratoryのように気軽にプログラムを実行できる環境も整っています。むしろ現在において、セル・オートマトンは様々な背景の人が自由な発想で手軽に知能の可能性を探索するのに有用なツールであると著者は考えています。

セル・オートマトン

6.4 トーラス上のニューラルネットワーク

ここでは近年よく使われる層状のニューラルネットワークではなく、大脳皮質のように平面上に展開されたネットワークを使用します。

6-4-1 トーラス上へのニューロンの配置

ヒトの大脳皮質は、非常に大雑把にですが半球面の形状をしています。そのため、大脳皮質を模するのであれば近い形状のネットワークを作るのが妥当そうです。実際に、Izhikevichらの研究では球面上に多数のニューロンを配置して大脳皮質のモデルとしています[参考文献20]。

しかしながら、本書では球面や半球面ではなく「トーラス」上に多数のニューロンを配置します。トーラスを 図6.7 に示しますが、いわゆるドーナツの形状をした立体になります。

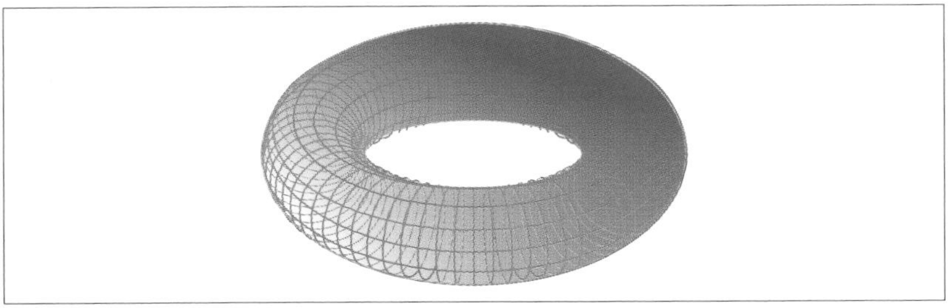

図6.7 トーラス

出典 https://ja.wikipedia.org/wiki/トーラス より引用・作成（パブリックドメイン）

トーラスの表面は、まるで昔のロールプレイングゲームのように上端は下端につながっており、左端が右端につながっている世界です。このトーラス上に格子状にニューロンを配置すれば、上端と下端、左端と右端がつながった「行列」としてネットワークの世界を扱うことが可能になります。ニューロンの集合を行列として扱うことができれば、コンピュータ上で扱いが大幅に楽になり、実用性も向上します。

本書では、このようなトーラスの表面上に256 × 256 = 65536のニューロンを格子状に配置します。ヒトの大脳皮質の神経細胞数100億と比較すると大幅に少なく、昆虫程度の神経細胞数になります。しかしながら、例えばハチの高度な

認識能力、社会性は10万個程度の神経細胞で実現されています。知性の探索が目的なのであれば、決して少ないニューロン数ではないでしょう。

　そして、今回は1個のニューロンに、64の入力を設定します。ヒトの脳における神経細胞は1,000程度の入力を持ちますが、ネットワークの規模に合わせて入力数を調整しました。一般的な人工ニューラルネットワークのように、あるニューロンの出力は他のニューロンへの入力となります。格子状に並べられたニューロンの状態を、セル・オートマトンのように他のニューロンの状態に応じて次々と変化させることで、どのようなパターンが描かれていくのかを確認します。

6-4-2 使用するニューロン

　今回使用するニューロンの模式図を 図6.8 に示します。

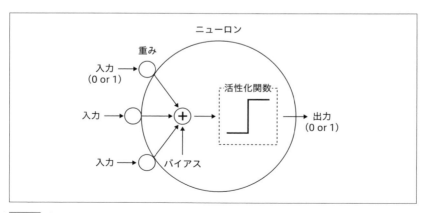

図6.8 使用するニューロン

通常のニューラルネットワークにおけるニューロンと同様に、入力と重みの積の総和にバイアスを足し合わせて活性化関数に入力します。今回は活性化関数として **図6.9** で示すステップ関数を使用します。

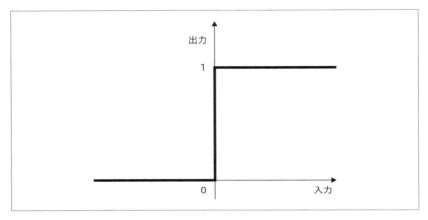

図6.9 ステップ関数

　ステップ関数は関数への入力が負の値の場合は0、正の場合は1を取るシンプルな関数です。ステップ関数はバックプロパゲーションによる学習ができないのですが、今回はバックプロパゲーションによる学習は行わないのでこの関数で十分です。

　今回使用するニューロンは、Chapter4で少し触れた古典的な人工ニューロンMcCulloch-Pittsモデルそのものです。本質を損なわない範囲で可能な限りシンプルにするために、人工ニューロンの原点に戻ったことになります。これは、言わば「オッカムの剃刀」的なアプローチです。オッカムの剃刀とは「ある事柄を説明するために、必要以上に多くの仮定を用いるべきではない」という指針で、「説明が複数ある場合、より単純なものが望ましい」という意味でよく使われます。

📋 **MEMO**

ウィリアム・オッカム

ウィリアム・オッカムは14世紀イギリスの哲学者・神学者です。信仰と理性、神学と哲学を分離することで中世と近世を思想的に橋渡ししたことが評価されています。

6 4 3 投射ニューロンと介在ニューロン

Chapter3で解説しましたが、大脳皮質には投射神経細胞と介在神経細胞が存在します。投射神経細胞は属する領域を超えて長い距離軸索を伸ばし遠方の神経細胞と接続されます。一方、介在神経細胞は近傍の神経細胞と接続されます。

この2つの神経細胞に倣い、今回のニューラルネットワークには遠方接続する投射ニューロンと近傍のニューロンと接続する介在ニューロンを配置します。図6.10に示すように、投射ニューロンは遠方のニューロンと接続されて、介在ニューロンは近傍のニューロンと接続されます。

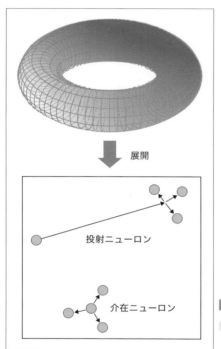

図6.10 投射ニューロンと介在ニューロン

出典 （図上） https://ja.wikipedia.
org/wiki/トーラス より引用・作成
（パブリックドメイン）

実際は、介在ニューロンの出力をランダムな位置にすることで投射ニューロンとします。これは、介在ニューロンを並べて、このうちの一定の割合の出力位置をシャッフルすることで実装できます。

このネットワークは、局所的な接続が多数あるという点でCNN（畳み込みニューラルネットワーク）的であり、次の時刻に出力するという点でRNN（再帰型ニューラルネットワーク）的でもあります。

こちらもChapter3で解説しましたが、大脳皮質には興奮性神経細胞と抑制性神経細胞が存在します。興奮性神経細胞は、軸索端末から興奮性の神経伝達物質を放出し、接続先の神経細胞の電位を上げます。一方、抑制性神経細胞は軸索端末から抑制性の神経伝達物質を放出し、接続先の神経細胞の電位を下げます。

これに倣い、今回のニューラルネットワークには興奮性ニューロンと抑制性ニューロンを導入します。図6.11に示すように、興奮性ニューロンからの入力には正の重みをかけて、抑制性のニューロンからの入力には負の重みをかけます。

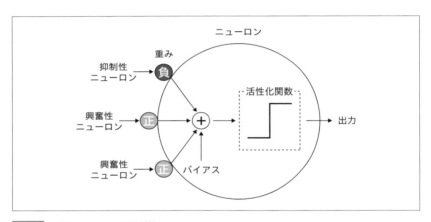

図6.11 興奮性ニューロンと抑制性ニューロン

大脳皮質における神経細胞の20％程度は抑制性神経細胞なので、抑制性ニューロンの割合は20％をベースにします。重みの初期値は正規分布に従ったランダムな正の値としますが、そのうちの20％に-1をかけて負の値とします。

📋 **MEMO**

正規分布

正規分布はガウス分布とも呼ばれ、自然界や人間の行動・性質など様々な現象に対してよく当てはまる釣鐘型のデータの分布です。例えば、製品のサイズやヒトの身長、テストの成績などは正規分布におおよそ従います。

バイアスの値はニューロンの感度、すなわちニューロンの興奮のしやすさですが、こちらも正規分布に従いランダムに設定します。

なお、今回のネットワークに似たネットワークに米国の物理学者ジョン・ホップフィールドが提唱したホップフィールドネットワーク[参考文献23]があります。ホップフィールドネットワークは、ニューラルネットワークの流行の火付け役となった記憶や想起が可能なネットワークです。ホップフィールドネットワークはヘブ則による学習が可能ですが、全てのニューロンが相互に結合されており6.5節と6.6節で解説する恒常性や馴化の概念はありません。

⑥-④-⑤ 実行結果

以上のニューラルネットワークをプログラミング言語Pythonのコードに落とし込み、実行した結果を 図6.12 、 図6.13 に示します。今回は、開発環境に先ほど解説した Google Colaboratory を使用しました。

📝 **MEMO**

プログラミング言語Python

Python は人工知能、機械学習で広く使われているプログラミング言語です。コードの可読性、汎用性が高いため近年人気を集めています。

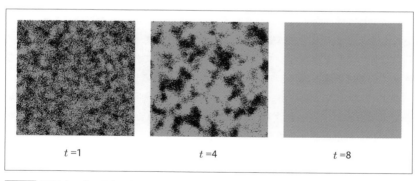

$t=1$ $t=4$ $t=8$

図6.12 初期（$t=1$）、興奮したニューロンの増加（$t=4$）、全てのニューロンが興奮（$t=8$）［投射ニューロン25%、抑制性ニューロン20%］

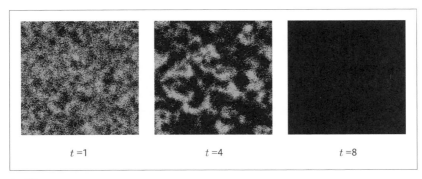

$t=1$ $t=4$ $t=8$

図6.13 初期（$t=1$）、抑制されたニューロンの増加（$t=4$）、全てのニューロンが抑制（$t=8$）［投射ニューロン25%、抑制性ニューロン20%］

- 動画
  URL https://youtu.be/JLoz3zFmSYw

- コード
  URL https://github.com/yukinaga/brain_ai_book/blob/master/
  neural_network_on_torus_1.ipynb

　図6.12 、 図6.13 において、tは初期状態からのステップ数を表します。この条件でコードを実行すると、時間の経過により全てのニューロンが興奮しているか、全てのニューロンが抑制されているかのどちらかの状態になってしまいます。これは、興奮もしくは抑制されているニューロンのグループはグループを大きくしようとするので、興奮と抑制のバランスが崩れると雪崩のようにどちらか片方に傾いてしまうからです。もちろん、実際の脳ではこのようなことは起こらず全ての神経細胞が興奮してしまうことも抑制されてしまうこともありません。

　最小限の実装で大脳皮質のようなネットワークを構築してみましたが、このままでは流れやパターンが生じず興味深くありません。そこで、次はこのネットワークにあらたな要素を加えてみます。

6.5 「恒常性」の導入

先ほどのネットワークでは、興奮したニューロンと抑制されたニューロンの比率は一定に保たれず、どちらか一方に染まっていくのを止めることができませんでした。そこで、次にこの比率を一定に保つために一種の「恒常性」(Homeostasis) を導入します。

6.5.1 ネットワークの恒常性

脳は過剰に興奮することも過剰に抑制されることもなく、興奮/抑制の割合がほどよく保たれています。脳では何らかの「恒常性」が働いているのかもしれません。ここでは興奮/抑制の割合を一定に保つために、恒常性をネットワークに導入します。

> 📝 **MEMO**
>
> 恒常性
>
> 生物の体は、自らの体を環境に適応させ、安定させるための「恒常性（ホメオスタシス）」という機能を備えています。例えばヒトの体温、血糖、免疫などはこの恒常性により調整されます。

生物の体では主に複雑な化学物質の働きにより恒常性が実現されますが、コンピュータ上ではもっと簡単に恒常性を実現することができます。今回のネットワークでは、「入試」方式によりニューロンの合格/不合格、すなわち興奮/抑制を決めることでネットワークの恒常性を実現します。

先ほどはニューロンの活性化関数にステップ関数を使い、活性化関数への入力が負の場合は出力を0、正の場合は出力を1としました。今回は恒常性を実現するために、以下の方法を使います。

- 活性化関数への入力が大きい順にニューロンを並べ、上位を一定の割合で選別し出力を1（興奮）とする
- 残りのニューロンの出力は0（抑制）とする

これにより、常に一定の割合でニューロンが興奮することになり、ネットワークの恒常性が保たれることになります。

6-5-2 実行結果

以上をPythonのコードに落とし込み、実行した結果を 図6.14 に示します。今回は、活性化関数の入力が大きい順に上位50%を興奮させることにします。

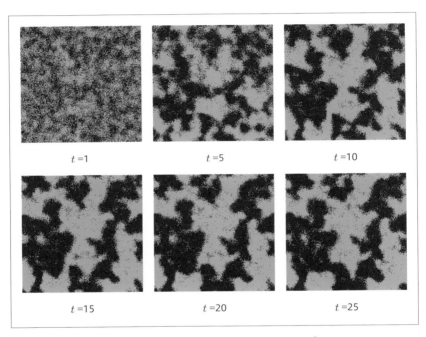

t =1　　　　　t =5　　　　　t =10

t =15　　　　　t =20　　　　　t =25

図6.14 「恒常性」の導入［投射ニューロン25%、抑制性ニューロン20%］

・動画
URL https://youtu.be/_1PN1FlO_v0

・コード
URL https://github.com/yukinaga/brain_ai_book/blob/master/
neural_network_on_torus_2.ipynb

　図6.14 において、t は初期状態からのステップ数を表します。恒常性の導入により全てのニューロンが興奮か抑制のどちらか一方に染まることはなくなり、領域が明確に分かれるようになりました。興奮したニューロンの領域と抑制されたニューロンの領域の境界ではニューロンの興奮/抑制が不規則に入れ替わるのですが、時間が経過しても興奮/抑制グループの境界以外では全く動きがありません。

　これはニューロンがグループ内で互いに興奮/抑制を支えようとするためなのですが、このままではネットワークには大規模な情報の流れが生じません。大脳皮質のような全領域にわたる絶え間ない情報の流れが生じるためには、ネットワークにさらに別の要素を加える必要がありそうです。

6.6 「馴化」の導入

　ここで、ニューロンに「馴化（Habituation）」という概念を導入します。馴化とは刺激に馴れることで、例えばアメフラシや線虫に繰り返し刺激を加えるとやがて刺激に対する反応が弱くなることが知られていますが、ヒトを含むほぼ全ての動物が馴化を示します。

📝 MEMO

アメフラシの神経細胞

アメフラシの大きな神経細胞は比較的観察しやすいため、神経細胞の状態が行動に与える影響を調べるのに適しています。アメフラシの研究により、動物の学習や記憶の仕組みが少しずつ解明されてきています。コロンビア大学のエリック・カンデルは、このアメフラシを題材にした研究によりノーベル医学生理学賞を受賞しています。

6.6.1 ニューロンの馴化

　先ほどは大部分のニューロンの興奮/抑制状態が永続化してしまいネットワークの動きが失われてしまいました。今回は、馴化として連続して興奮したニューロンは興奮しにくくなり、しばらく抑制されたままのニューロンは興奮しやすくなる仕組みを導入します。これにより、ネットワークの固定化が阻まれて動きが

生じます。

このための具体的な方法はいくつか考えられますが、今回は最もシンプルにニューロンの感度であるバイアスを調整することにより馴化を実現します。バイアスの調整は以下の方法で行われます。

- 興奮したニューロンのバイアスを、興奮しにくくなる方向にわずかに変化させる
- 抑制されたニューロンのバイアスを、興奮しやすくなる方向にわずかに変化させる

これにより、連続して興奮したニューロンは少しずつ興奮しにくくなり、連続して抑制されたニューロンは少しずつ興奮しやすくなります。興奮／抑制の永続化が強制的に防がれるので、ネットワークにダイナミックな変化が生じるようになります。

なお、今回導入した馴化と似た概念にGreenberg-Hastingsモデル[参考文献24]があります。Greenberg-Hastingsモデルでは、時間経過でニューロンの興奮状態を鎮める、というルールが導入されます。このモデルでは、各セルは静止状態、発火状態、不応状態の3つの状態を持ちます。静止状態のセルは周囲に発火状態のセルがあると発火しますが、発火状態のセルは一定時間が経過すると不応状態に移行し、不応状態は一定時間が経過すると静止状態に移行します。

6.6.2 実行結果

以上をPythonのコードに落とし込み、実行した結果を 図6.15 に示します。先ほどと同じく、活性化関数の入力が大きい順に上位50%を興奮させます。なお、静止画ではそのダイナミックな流れを感じることが難しいので、動画で見ることをお勧めします。

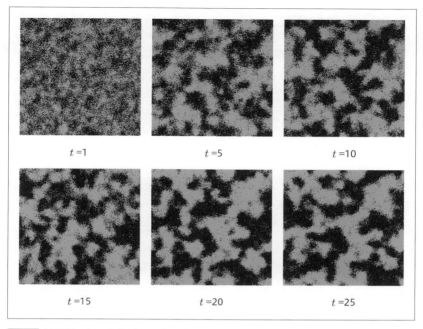

$t=1$ $t=5$ $t=10$

$t=15$ $t=20$ $t=25$

図6.15 「恒常性」および「馴化」の導入［投射ニューロン25%、抑制性ニューロン20%］

- 動画

  URL https://youtu.be/wUWgPSAafO0

- コード

  URL https://github.com/yukinaga/brain_ai_book/blob/master/
  neural_network_on_torus_3.ipynb

　「恒常性」および「馴化」を導入した結果、ネットワークが絶えずダイナミック
に変化するようになりました。集団になったニューロンは、複雑な因果関係を背
景とする複雑なパターンを描きます。絶え間ない複雑な流れが存在する世界が、
セル・オートマトンをベースとしたコンピュータのネットワーク上に構築されま
した。

6.7 投射と介在 / 興奮と抑制

　ここで、投射/介在ニューロンおよび興奮性/抑制性ニューロンの割合を変化させてみましょう。

6-7-1 投射ニューロンがネットワークに与える影響

　まずは抑制性ニューロンの割合を0%、すなわち興奮性ニューロンの割合を100%に固定し、投射ニューロンの割合を変化させてみます。図6.16 は、初期状態から一定時間経過した後の、様々な投射ニューロンの割合のネットワークの様子です。

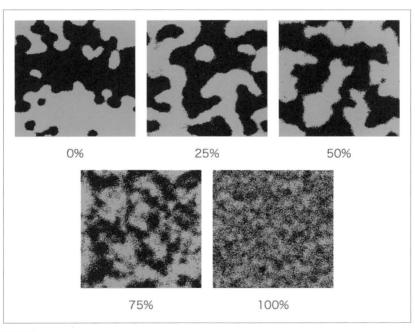

0%　　　25%　　　50%

75%　　　100%

図6.16 投射ニューロン0%、25%、50%、75%、100%［t=25、抑制性ニューロン0%］

• 動画
　URL https://youtu.be/uI0I_TXuhEk

投射ニューロンが0%の時は、まるで水に油を落とした時のような比較的シンプルなパターンを描きます。そして、投射ニューロンが100%の時はノイズにしか見えません。投射ニューロンの割合が小さいと興奮／抑制の領域が比較的明確に分かれますが、投射ニューロンの割合が大きくなると両者の境界が不明瞭になり、境界の動きが予測不能になっていきます。このあたりは静止画だとわかりにくいので、ぜひ動画の方で確認することをお勧めします。

どうやら、局所性と大域性のバランスが保たれることで、複雑な因果関係が流れる興味深いパターンが生じるようです。例えるなら、部署を超えたメンバーのつながりがあると組織が活性化するのに似ていますね。秩序とカオスの境界に位置する「カオスの縁」を彷彿させます。

📝 **MEMO**

カオスの縁

カオスの縁（edge of chaos）は、クリストファー・ラングトンにより発見されたセル・オートマトンにおける概念です［参考文献25］。振る舞いが秩序とカオスの間を行き来するシステムにおいて、秩序とカオスの境界に位置する領域がカオスの縁です。生命はこのカオスの縁に存在するのではないか、という説がしばしば主張されてきました。

---

6 7 2 抑制性ニューロンがネットワークに与える影響

次に、投射ニューロンの割合を0%、すなわち介在ニューロンの割合を100%に固定し、抑制性ニューロンの割合を変化させてみます。 **図6.17** は、様々な抑制性ニューロンの割合で初期状態から一定時間経過した後のネットワークの様子です。

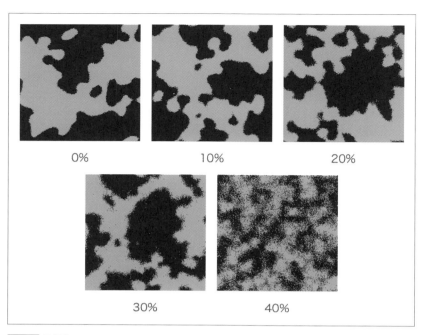

0%　　　　　　10%　　　　　　20%

30%　　　　　　40%

図6.17 抑制性ニューロン0%、10%、20%、30%、40%［t=25、投射ニューロン0%］

- 動画
  URL https://youtu.be/XjO__mjaj5s

　抑制性ニューロンの割合が小さいと興奮/抑制の領域が比較的明確に分かれます。一方、抑制性ニューロンの割合が大きくなると投射ニューロンを増やした際と同様に両者の境界が不明瞭になっていき、境界の動きが予測不能になります。抑制性ニューロンを混入させることで、投射ニューロンを増やした際と同様に複雑な因果関係、複雑なパターンが生まれるようです。

　以上のように、投射ニューロンもしくは抑制性ニューロンの混入により、ノイズでもなくパターンの単純な繰り返しでもない複雑な因果関係からなる内部世界が生まれるようです。投射神経細胞および介在神経細胞の、大脳皮質における複雑な思考や意識を形作る上での重要な役割が示唆されます。

6.8 ヘブ則の導入

　ここまでは、ニューロンの入力にかける「重み」は固定されたままでした。ここで、Chapter3で解説したシンプルな学習則である「ヘブ則」を導入し、ネットワークに与える影響を見ていきます。

6-8-1 ネットワークにヘブ則を導入

　ヘブ則をおさらいすると、①シナプス前細胞が発火し、②それによりシナプス後細胞が発火すると、③その間のシナプスが増強される、とういうシナプスの変化になります。シナプスの結合強度はニューラルネットワークにおけるニューロンの重みに相当します。今回のネットワークには、以下の式に基づきヘブ則を導入します。

重みの変化量 = 学習係数 × 入力（0 or 1）× 出力（0 or 1）

　今回のネットワークは入力、出力ともに0か1なので、両者ともに1の時のみ重みは変化することになります。これはシナプス前細胞の発火に起因したシナプス後細胞の発火を表します。学習係数は0.01や0.001などの小さな数で、学習の速さを決定する固定された値です。

6-8-2 実行結果

　図6.18 はこのようなヘブ則を導入した結果です。ネットワークが脈打つ様子が静止画だとわかりにくいので、今回の結果も動画で確認することをお勧めします。

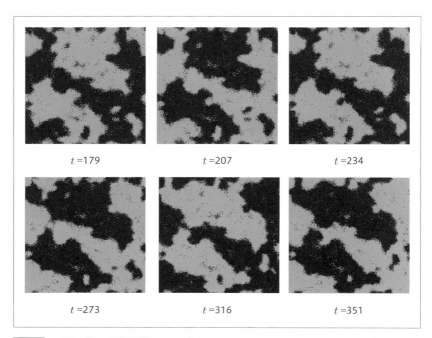

図6.18 ヘブ則の導入 ［学習係数0.001、投射ニューロン25%、抑制性ニューロン20%］

- 動画
  URL https://youtu.be/hvzJ0poSh3I

- コード
  URL https://github.com/yukinaga/brain_ai_book/blob/master/
  neural_network_on_torus_4.ipynb

　先ほどはパターンに再現性はありませんでしたが、今回は十分時間が経過すると しばしば似たパターンが出現するようになりました。 **図6.18** の $t=179$、 $t=234$、 $t=316$ および $t=207$、 $t=273$、 $t=351$ では全く同じではありませんが 似たようなパターンが出現しています。ヘブ則によって情報が流れる経路が強化 されることで、ネットワークがある種の学習を行っていると考えることもできま す。パターンの固定化は、パターンの記憶と捉えることもできるでしょう。この あたりは、動画の方でヘブ則なしの場合とありの場合を比較するとわかりやすい ので、ぜひ確認してみてください。

以前のChapterで海馬や扁桃体を扱いましたが、記憶は感情と密接な関係があります。ポジティブな感情、ネガティブな感情に関わらず強い感情を感じた際の記憶は長く残りやすい傾向があります。今回のネットワークに、「感情」の要素を加えてみたらどうなるのでしょうか。ポジティブ、あるいはネガティブな感情を感じた際にのみヘブ則を適用すれば、感情を得るに至った因果を選択的に記憶として残しておくことも可能になるでしょう。外部から与えられた、あるいはネットワークの内部から発生した感情を使って必要な情報の流れを選択的に残す、そのような自律性をネットワークが備えることができれば、「意識」のようなものに近づいていけるのかもしれません。

6.9 ネットワークに「意識」は宿るのか？

Chapter5で解説しましたが、ジュリオ・トノーニは意識の統合情報理論においてネットワークが意識を持つためには内部で多様な情報が統合されることが必要であると考えました。特定の性質を持ったネットワークに、意識は宿るということなのでしょうか。そして、もしそうであればそれを人工的に作ることは可能なのでしょうか。そもそも、ネットワークに意識が存在することをどうやって判定すればいいのでしょうか。先述のトノーニは統合情報量Φを使ってネットワークの意識レベルを客観的に評価しようとしました。

ここで、「チューリングテスト」を紹介します。チューリングテストは、人工知能の父の1人、アラン・チューリングによって考案された、ある機械に知性があるかどうかを判定するためのテストです。1950年に「Computing Machinery and Intelligence」[参考文献26]という論文の中で提唱されています。チューリングテストでは、文章により会話をしている姿の見えない相手が、機械か人間か判別できなければこのテストにパスしたことになります。チューリングテストには賛否両論ありますが、ヒトによる主観的な判定は意識の判定方法の1つの候補ではあるでしょう。

そういった意味で、意識の有無を判定するのはサービスの「ユーザー」なのかもしれません。人工知能を搭載したスマートフォンアプリに意識が宿っていることを、次第にユーザーが疑わなくなっていく、という流れで人工意識はいつか実現するのかもしれません。そのためには脳のようなネットワークを内部に持つアプリが広く使われる必要があるのですが、このためには脳を忠実に再現するより

も本質のみを抽出し可能な限りシンプルなネットワークの実装にするのが望ましいでしょう。

6.10 Chapter6 のまとめ

　本Chapterでは、大脳皮質をモデルにしてセル・オートマトンによるニューラルネットワークを構築し、大脳皮質のように投射ニューロンおよび抑制性ニューロンを混入しました。そのままでは、ネットワークの流れが止まってしまいましたが、恒常性と馴化をネットワークに加えることで絶えず時間変化する複雑なパターンが生じました。また、ネットワークに投射ニューロンおよび抑制性ニューロンを適度な割合で混入すると因果関係が複雑化し、パターンが複雑化することがわかりました。ヘブ則の導入により、不規則であったパターンが再現性を伴うようになりました。

　この段階で、ネットワークに複雑な流れが存在する「内部世界」は存在するように見えますが、環境と相互作用し何らかの状態を実現しようとする「自律性」はまだ確認できていません。

　今回のようなネットワークが意識のような機能を持ちうるか、すなわち意識の本質はある種のネットワークなのか、その答えを出すには今回の結果ではまだ不十分です。しかしながら、今回構築したネットワークはGoogle Colaboratoryを使って誰でも気軽に実行可能です。「脳科学」と聞くと敷居が高すぎるようにも思えますが、テクノロジーをうまく活用すれば脳科学に親しみ、可能性を探索することは難しくなくなってきたのではないのでしょうか。

脳科学と人工知能の未来

本書の最後に、脳科学と人工知能の未来について考察します。脳科学と人工知能の発展の先にどのような未来が待っているのか、ぜひ皆さんも想像してみてください。

7.1 汎用人工知能は実現するのか?

現在進行中の第3次AIブームはディープラーニングの活躍によるところが大きいですが、これは特化型人工知能です。医療用の画像解析、特定のゲームの攻略など極めて範囲を絞ればヒトを凌駕することもありますが、脳のような汎用性を持つ汎用人工知能ではありません。汎用人工知能についてはChapter1で少し解説しましたが、動物（特にヒト）の知能に迫る汎用性を備えた人工知能のことです。この汎用人工知能には、どの程度実現の見込みがあるのでしょうか。予測には困難を伴いますが、可能性（アプローチ方法）を考察してみます。

7 1 1 アプローチ1 コンピュータ上における脳の再現

可能性の1つに、脳のリバースエンジニアリング、すなわちコンピュータ上における脳の再現が考えられます。もし我々の知能が神経細胞のシンプルな接続のみで説明できるのであれば、コネクトーム（神経細胞の接続が描かれた地図）を構築することで知能は再現できるはずです。例えばヒトの脳内の神経細胞数は1,000億程度であり、シナプスの数は100兆程度ですが、仮に1つのシナプスの容量を1バイトとすると、シナプス全体の容量は100テラバイト程度でしかありません。これは、少し高級な外付けストレージ程度の容量です。

このように考えると、脳の各部位のコネクトームを再現し組み合わせることで脳のリバースエンジニアリングが可能なようにも思えますが、実はこれは脳のごく表層的な理解にしか過ぎないのかもしれません。例えば、神経細胞本体やグリア細胞と呼ばれる細胞が記憶の保持や情報処理に関与している可能性が指摘されており、シナプスの仕組みもまだまだ謎だらけです。このように、コネクトームは知能を構成する一要素にしか過ぎないのかもしれません。脳を再現するアプローチは、脳の仕組みがどの程度複雑かに依存します。脳のメカニズムの本質が十分シンプルであれば有望であり、人類の手に負えないほど複雑怪奇であれば遥か遠い道のりになるでしょう。

7 1 2 アプローチ2 生物をモデルにしない独自の人工知能

もう1つのアプローチは、生物をモデルにしない独自の人工知能です。このアプローチでは、脳の模倣はあきらめます。自動車が馬のように足を動かさなくても移動できるように、潜水艦が魚のように体をくねらせなくても航行できるよう

に、あるいは飛行機が鳥のように羽ばたかなくても空を飛べるように、汎用的な知能を構築するのに必ずしも生き物を模倣する必要はないのかもしれません。機械学習では、ニューラルネットワークや強化学習など生物学的背景を持つ手法もありますが、持たないにも関わらず高い性能を発揮するアルゴリズムも多く存在します。生物の進化には制約が多いのですが、コンピュータはそのような制約に縛られる必要はありません。無数の可能性の中に、汎用人工知能へつながる道が存在する可能性は否定できません。

7-1-3 アプローチ3 進化論的なアプローチ

そして、進化論的なアプローチも有望かもしれません。遺伝子データを持つ多数の個体、およびそれらが配置される環境をプログラムで用意し、自然淘汰に任せてコンピュータ上で知能を進化させます。遺伝子データは、コネクトームなどの知能を司る因子を決定します。高度な知能のメカニズムは人類の頭脳が理解できる範囲を超えているかもしれないので、メカニズムがブラックボックスになることを前提で自然に知能が発現するのを待つアプローチになります。環境が多様で複雑なほど生き残る知能の汎用性は高くなると考えられますが、必要なコンピュータの演算能力が膨大になるのが問題です。

7-1-4 アプローチ4 ニューロモーフィックコンピュータ

また、ニューロモーフィックコンピュータは、神経細胞を模した電子回路によって構成される、従来のコンピュータとは根本的に異なるコンピュータです。従来のようにコンピュータにおけるプログラムとしてニューラルネットワークを構築するのではなく、コンピュータそのものを神経細胞のネットワークを模して構築します。人間の脳に相当する総合的な知的処理能力を、低消費電力で実現することが可能になると期待されています。

以上のように汎用人工知能へ向けての様々なアプローチを考えることができますが、どれが正しいのかは現状ではわかりません。しかしながら、大事なのは様々な背景を持った人が多数参入し、多様なアプローチを試してみることなのではないでしょうか。コンピュータがとても身近になった現在、参入障壁は必ずしも高くはありません。

活躍するのは専門家のみなのか？

1903年に世界初の有人動力飛行に成功したライト兄弟は、自転車屋さんでした。また、アルバート・アインシュタインは1905年に特殊相対性理論の論文を発表した当時、特許局の職員でした。

7　1　5　クラークの三法則

ここで、SF作家アーサー・C・クラークが定義したクラークの三法則を紹介します。クラークは「2001年宇宙の旅」や「幼年期の終わり」で有名であり、作中にはしばしば人工知能が登場します。

1. 高名な老科学者が可能であるといった場合、その主張はほぼ間違いない。また不可能であるといった場合には、その主張はまず間違っている。
2. 可能性の限界を発見する唯一の方法は、限界を少しだけ越えて不可能の中にあえて入っていくことだ。
3. 高度に発達した科学技術は、魔法と見分けがつかない。

結局のところ、固定観念に囚われず、やれるところまでやってみるしかないのでしょう。それが本当に不可能なのかどうかを知りたければ、その領域にとことん踏み込むしかありません。汎用人工知能は実現可能かどうかさえわからないのが現状ですが、既成概念から自由であり、なおかつ意欲的な人々の参入が望まれています。

7.2　AIと倫理

2017年1月、世界中のAI研究者や様々な分野の専門家がカリフォルニア州アシロマに集まり、「BENEFICIAL AI 2017」という国際会議が開催されました。そこでは、人類に利益をもたらすAIについて5日間にわたって議論が行われ、その成果として2017年2月3日に「アシロマAI原則（ASILOMAR AI PRINCIPLES）」が発表されました。

- ASILOMAR AI PRINCIPLES（アシロマAI原則）
  URL https://futureoflife.org/ai-principles/

原則は23の項目からなり、AI研究や倫理、AIの向かうべき方向性に関する様々な方針が提案されています。各項目は上記のリンク先にありますが、要点をまとめると以下のようになります。

- AIがもたらす利益は、人類全体で共有されるべきだ。
- AIと人類の倫理や価値観を一致させるべきだ。
- AIは人間の文明を尊重すべきだ。
- AIシステムは説明可能で検証可能なものでなければならない。
- 高度なAIは世界に大きな影響を与える可能性があるので、慎重に管理すべきだ。

今後、AIシステムの開発者には、優れた開発者であることだけでなく、高い倫理観が求められるようになるでしょう。AIの専門家に限らず、多くの人がAIの結末に期待と警戒を同時に抱いています。

ある意味、AIは我々人類が生み出し育てている「子供」のようなものなのではないでしょうか。うまく育てれば、世界に調和と繁栄をもたらしますが、育て方が悪いと、AIが搾取に使われたり、癌細胞のように制御不能に陥ってしまうかもしれません。AIの「親」として今生きている現代人は、実は大きな責任を負っていることになります。

AIが賢さと優しさを兼ね備えた子に育つように、人類はかつて経験したことがない種類の倫理観を求められています。

7.3　脳とAIの共存

我々が住む世界は、脳と脳のつながり、モノとモノのつながり、そして脳とモノのつながりで構成される複雑ネットワークと捉えることもできます。20世紀半ばまでは、「脳」のノード同士の言葉などによるコミュニケーションがこのネットワークを特徴づけ、文明を創発してきました。しかしながら、20世紀後半に今までとは異なる兆候が見え始めました。ネットワークにおける「モノ」のノードの一部が急激に賢くなり始めたのです。このようなノードはコンピュータと呼ば

れますが、キーボードやディスプレイ、タッチスクリーンを通して脳とつながり、またコンピュータ同士もインターネットを通してつながり始めました。ネットワークの性質に、脳/脳だけではなく、脳/モノ、モノ/モノのつながりも大きく関与するようになりました。

そして、コンピュータのプログラムで特に知的なものはAIと呼ばれ、その発展の先に人並みの賢さを備えるようになるのではないかとさえ予測されるようになりました。AIというあたらしいタイプのノードの出現により、ネットワークはますます複雑さを増し、かつて見たことのないパターンが次々に生まれようとしています。

まさに、地球上で最も賢いノードである脳とAIが共存する時代に入ろうとしています。ヒトの脳と機械の頭脳が絡み合い、あらたなパターンを創発していく時代です。正直、何が起きるか予測不能です。

このような時代で人間にとって大事なことの1つは、見たことがないようなパターンが次々と生じることを面白いと感じる心なのではないでしょうか。もちろんAIの潜在的なリスクは考慮すべきですが、脳とAIの共存がどのような世界を作っていくのか、前向きに想像していく価値は十分にあります。

本書は脳と人工知能の接点について、知識および考える機会を提供しようとしました。微力ながらも、本書があたらしい時代を生きるための知的好奇心を育むことができたのであれば、著者としてうれしく思います。

7.4 　最終テスト

本書の内容を確認するための最後のテストです。復習と知識の整理のために活用してください。

7-4-1 演習

問題

1. ヒトの脳の重量は体重の2%程度ですが、脳の消費カロリーは体全体の消費カロリーの何%程度を占めますか？

1. 1%

    2. 5%

    3. 10%

    4. 25%

2. **次のうち、人工知能の定義としてふさわしくないものはどれですか？**

    1. 自ら考える力が備わっているコンピュータのプログラム

    2. コンピュータによる知的な情報処理システム

    3. 生物が備える天然の情報処理システム

    4. 生物の知能、もしくはその延長線上にあるものを再現する技術

3. **次のうち、第3次AIブームのきっかけとなった技術として最もふさわしいのはどれですか？**

    1. エキスパートシステム

    2. ディープラーニング

    3. 遺伝的アルゴリズム

    4. 群知能

4. **次のうち、神経細胞のネットワークを形状的に支え、神経細胞と神経伝達物質を介してコミュニケーションを行うグリア細胞の一種はどれですか？**

    1. アストロサイト

    2. 錐体細胞

    3. オリゴンデンドロサイト

    4. ミクログリア

5. **次のうち、言語を発声するための役割を担う大脳皮質の領域はどれですか？**

    1. ウェルニッケ野

    2. ブローカ野

    3. 一次聴覚野

    4. 一次運動野

6. **大脳皮質は縦に何層構造をしていると考えられていますか？**

    1. 3層

    2. 6層

    3. 10層
    4. 16層

7. 次のうち、中枢神経系における主要な抑制性神経伝達物質として最もふさわしいのはどれですか？

    1. グルタミン酸
    2. ドーパミン
    3. GABA
    4. メラトニン

8. 次の長期記憶のタイプのうち、自転車の乗り方、楽器の演奏などの、いわゆる「体で覚える」記憶に相当するものはどれですか？

    1. エピソード記憶
    2. 意味記憶
    3. プライミング
    4. 手続き記憶

9. 次の人工知能のアルゴリズムのうち、大脳辺縁系や大脳基底核における感情と行動の紐付けと最も似ているものはどれですか？

    1. ディープラーニング
    2. 畳み込みニューラルネットワーク
    3. 強化学習
    4. ボルツマンマシン

10. 次のうち、「意識のハード・プロブレム」の説明として正しいものはどれですか？

    1. 物質やシステムとしての脳は、どのように情報を処理しているのかという問題
    2. 主観的な意識体験は、どのように発生するのかという問題
    3. 個々の神経細胞が行う処理はシンプルだが、複雑なネットワークとなることで全体として意識が創発する
    4. Φは意識の量を表すとされ、大脳皮質はΦが高く小脳皮質では低い

1. 解答：4

　　ヒトの脳の重量は体重の2%程度ですが、消費カロリーの25%程度を占めます。高度な機能を発揮するために、エネルギー消費量が非常に多いのが特徴的です。これほど多くのエネルギーを脳に割く種は他におらず、ヒトは脳に大きな投資をした結果、大成功した動物と考えることもできます。

2. 解答：3

　　人工知能はその名の通り、人の手によって作られた知能です。人工知能はAIとも呼ばれますが、これはArtificial Intelligenceの略です。この名称は1956年にダートマス会議においてはじめて用いられました。

3. 解答：2

　　2006年にジェフリー・ヒントンらが提案したディープラーニングの躍進により、AIの人気が再燃しました。このディープラーニングの躍進の背景には、技術の研究が進んだこと、IT技術の普及により大量のデータが集まるようになったこと、およびコンピュータの性能が飛躍的に向上したことがあります。

4. 解答：1

　　アストロサイトは全方向に突起が伸びた構造をしています。この細胞には、神経細胞のネットワークを形状的に支える、神経細胞と神経伝達物質を介してコミュニケーションする、などの様々な役割があります。

5. 解答：2

　　大脳皮質の各領域は様々な機能に特化したスペシャリストとなっています。言わば、大脳皮質はゼネラリストの集団というよりもスペシャリストの集団です。ブローカ野は言語を発声するための役割を担います。

6. 解答：2

　　大脳皮質における神経細胞は、6層の層構造をとって並んでいます。　各層

の厚さは、視覚野や運動野などの領域によってかなり異なります。ブロードマンの脳地図は、これらの各層の厚さにより領域を分類したものです。

7. 解答：3

　γ-アミノ酪酸はよくGABAと呼ばれ、中枢神経系における主要な抑制性神経伝達物質です。

8. 解答：4

　長期記憶は、大きく陳述記憶と非陳述記憶に分けることができます。非陳述記憶には、手続き記憶やプライミングなどがあります。手続き記憶は、自転車の乗り方、楽器の演奏などの、いわゆる「体で覚える」記憶のことです。記憶が一旦作られると、自動的に機能し長期間保たれます。

9. 解答：3

　強化学習は「環境において最も報酬が得られやすい行動」を学習する機械学習の一種です。強化学習における報酬を「成功してうれしい」「失敗して嫌だ」のような 感情のようなものと考えれば、大脳辺縁系や大脳基底核における感情の処理に似ています。

10. 解答：2

　意識のハード・プロブレムは、我々が感じる主観的な意識体験はどのように発生するのか、という問題です。その名の通り、これは科学で扱うのがとても難しい問題です。1人1人が感じる感覚の質感はクオリアと呼ばれますが、脳をどのように観測しても、このクオリアなどの意識体験を観察することはできません。

Appendix 1 シミュレーションの実行方法

Chapter6、『アルゴリズムによる「意識」の探究』で試みたシミュレーションの実行方法を解説します。

AP1.1 シミュレーションを実行する

API-1-1 Googleアカウントの用意

前提として、Google Colaboratoryを使用するためにGoogleアカウントが必要になります。持っていない方は、以下のサイトで取得しましょう。

- Googleアカウントの作成
  URL https://myaccount.google.com/

API-1-2 実行可能なシミュレーション

実行可能なシミュレーションには、「ライフゲーム」と「トーラス上のニューラルネットワーク」の2種類があります。

ライフゲーム

- ライフゲーム
  URL https://github.com/yukinaga/brain_ai_book/blob/master/lifegame.ipynb

トーラス上のニューラルネットワーク

- トーラス上のニューラルネットワーク
  URL https://github.com/yukinaga/brain_ai_book/blob/master/neural_network_on_torus_1.ipynb

- 恒常性の導入
  URL https://github.com/yukinaga/brain_ai_book/blob/master/neural_network_on_torus_2.ipynb

- 馴化の導入
  URL https://github.com/yukinaga/brain_ai_book/blob/master/neural_network_on_torus_3.ipynb

シミュレーションの実行方法

- ヘブ則の導入

URL https://github.com/yukinaga/brain_ai_book/blob/master/
neural_network_on_torus_4.ipynb

ブラウザでURLのページを開きましょう。

それぞれのページには、「Open in Colab」ボタンがあるのでクリックします
（図 AP1.1）。

図 AP1.1 「Open in Colab」ボタンをクリック

するとGoogle Colaboratoryのノートブックがブラウザ上で開きます（図 AP1.2）。

図 AP1.2 ノートブックの画面

この画面で、カーソルを図 AP1.3 の青い線で囲まれた箇所に合わせると「実行」
ボタンが表示されますので、クリックします。

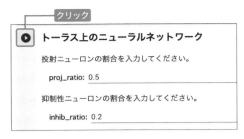

図 AP1.3 「実行」ボタンをクリック

　警告が表示されることがありますが、「このまま実行」をクリックしましょう（図 AP1.4）。また、ロボットではないことの確認が行われることがあります。

図 AP1.4 「このまま実行」をクリック

　ノートブックによっては、実行に 2-3 分ほどかかることがあります。指定したタイムステップが経過すると、結果が表示されます。動画の「▶」（再生）ボタンをクリックして（図 AP1.5）、動画を再生しましょう。

　もし結果がうまく表示されない場合は、「ランタイム」→「ランタイムを出荷時設定にリセット」を選択し、ランタイムをリセットしましょう。また、投射ニューロンの割合、抑制性ニューロンの割合などのフォームの値を変更することで、シ

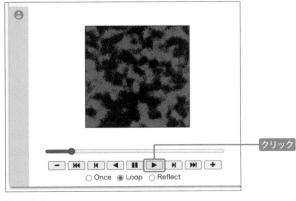

図 AP1.5 動画を再生

ミュレーションの条件を変更することができます。ぜひ様々な条件でのシミュレーションをお試しください。

「save_gif」にチェックを入れるとGIFアニメーションを、「save_mp4」にチェックを入れるとMP4形式の動画を保存することができます（図AP1.6 ❶）。「実行」ボタンをクリックして結果が表示された後に❷、画面左のフォルダ形をしたアイコンをクリックすると❸、保存された動画ファイルが表示されます❹。

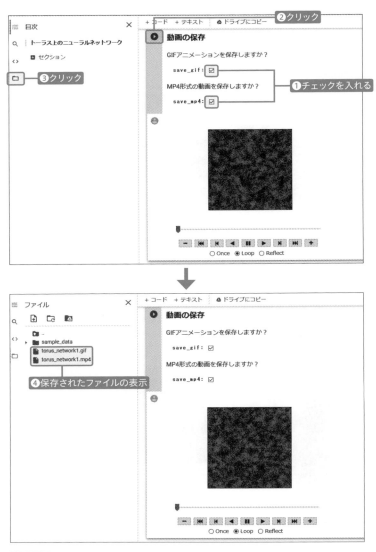

図AP1.6 動画ファイルの保存とファイルの表示

保存された動画ファイルを選択して（図AP1.7 ❶）、縦に点が3つ並んだアイコンをクリックします❷。メニューから「ダウンロード」を選択すると❸、動画ファイルをダウンロードできます。ダウンロードした動画ファイルは、SNSなどのコンテンツとしてぜひ活用してください。

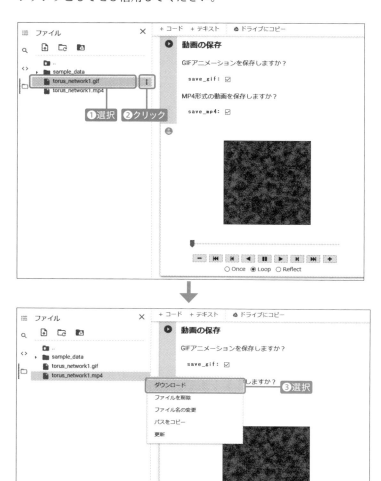

図AP1.7 動画ファイルのダウンロード

　また、初期状態でコードは非表示になっていますが、表示したい場合はメニューから「編集」（図AP1.8 ❶）→「コードを表示/非表示」を選択して切り替えます❷。するとPythonで書かれたコードを確認できます（図AP1.9）。コードでは、フォームにないパラメータを変更することも可能です。

図AP1.8 コードを表示／非表示

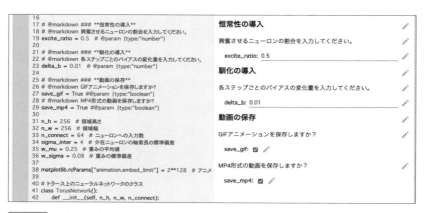

図AP1.9 Pythonで書かれたコードの表示

なお、計算にはGPUを利用していますが、連続で使用するとランタイムが途中で切断されることがあります。タイムステップ数を少なくするか、しばらく時間を置いてから再びお試しください。

さらに学びたい方の
ために

本書の最後に、さらに学びたい方へ有用な情報を提供します。

　本書の内容をさらに深く学びたい方へ向けて、読むべき書籍を厳選しました。入り口として、本書に関連した分野を扱うSFコミックも紹介します。興味が持てそうな分野から、読み始めてみてはいかがでしょうか。

『〈わたし〉はどこにあるのか：ガザニガ脳科学講義』

(マイケル・S. ガザニガ［著］、藤井 留美［翻訳］、紀伊國屋書店、2014)

　「わたし」をコントロールするのは誰なのか？　それは脳のどこにあるのか？分離脳などの様々な症例をヒントに、意識の謎に迫る本です。

『意識はいつ生まれるのか──脳の謎に挑む統合情報理論』

(ジュリオ・トノーニ［著］、マルチェッロ・マッスィミーニ［著］、花本 知子［翻訳］、亜紀書房、2015)

　統合情報理論の提唱者による本です。多くの被験者を用いたエレガントな実験をベースに、意識の正体に迫ります。

『意識と脳──思考はいかにコード化されるか』

(スタニスラス・ドゥアンヌ［著］、高橋 洋［翻訳］、紀伊國屋書店、2015)

　グローバル・ニューロナル・ワークスペース理論の提唱者、ドゥアンヌの本です。膨大な実験をベースに、科学における究極の問題に迫ります。

『心の進化を解明する──バクテリアからバッハへ─』

(ダニエル・C・デネット［著］、木島 泰三［翻訳］、青土社、2018)

　哲学者デネットが「心」の起源と進化について、人類の持つあらゆる知を総動員して迫ろうとする本です。

『意識の進化的起源：カンブリア爆発で心は生まれた』

（トッド・E. ファインバーグ［著］、ジョン・M. マラット［著］、鈴木 大地［翻訳］、勁草書房、2017）

　意識の起源に迫る興味深い本です。意識の起源はカンブリア爆発のあたりにありそうですが、軟体動物や節足動物などヒトとは異なる系統にも意識を持った種があるかもしれません。

『脳のリズム』

（ジェルジ・ブザーキ［著］、渡部 喬光（監訳）、谷垣 暁美［翻訳］、みすず書房、2019）

　脳の複雑なネットワークから生まれる「リズム」について解説した本です。記憶や思考などが「創発」によりシンフォニーを奏でる仕組みを解説します。

『脳の意識 機械の意識――脳神経科学の挑戦』

（渡辺 正峰［著］中央公論新社、2017）

　意識の問題を扱う本ですが、人工的に意識が作れるかどうか、の問題にまで実験成果も踏まえた上で踏み込んでいます。

『もうひとつの脳 ニューロンを支配する陰の主役「グリア細胞」』

（R・ダグラス・フィールズ［著］、小西 史朗［監訳］、小松 佳代子［翻訳］、講談社、2018）

　長い間単なる神経細胞の梱包材と考えられてきた「グリア細胞」が、実は記憶や思考などにおいて重要な働きを担うことを解説する本です。

『なぜ脳はアートがわかるのか』

（エリック・R・カンデル［著］、高橋 洋［翻訳］、青土社、2019）

　アートを美しいと感じる時、脳では何が起きているのでしょうか。ノーベル賞

の受賞者であるカンデルが、ヒトが美しいと感じる体験の仕組みを解説します。

『人工知能はなぜ椅子に座れないのか： 情報化社会における「知」と「生命」』

(松田 雄馬［著］、新潮社、2018)

「人工知能」「脳」「意識」それぞれの境界をつなぐ本で、機械と生命の本質的な違いについて考えさせられます。錯視やロボットの例から、コンピュータの思考が向かう先を解説します。

『タコの心身問題──頭足類から考える意識の起源』

(ピーター・ゴドフリー＝スミス［著］、夏目 大［翻訳］、みすず書房、2018)

頭足類の知能、特に意識について考察している本です。ヒトとは異なる経路で作られた心について想像し、知能の様々な可能性について思いを馳せることができます。

『昆虫の脳をつくる─君のパソコンに脳をつくってみよう─』

(神崎 亮平［編著］、朝倉書店、2018)

昆虫の脳をコンピュータ上に再現しようとする試みについて解説する本です。モデル生物としてカイコガに特に注目しています。

『「人工知能」前夜─コンピュータと脳は似ているか─』

(杉本 舞［著］、青土社、2018)

主に20世紀前半の、人工知能の登場までの歴史を解説した本です。もちろん、人工知能の2人の父も登場します。

『脳単──ギリシャ語・ラテン語 (語源から覚える解剖学英単語集（脳・神経編))』

(原島 広至［文・イラスト］、河合 良訓［監修］、エヌ・ティー・エス、2005)

脳の各部位をグラフィカルに示す本です。脳の部位の位置や形状を把握したい時に便利です。

『コンピューターで「脳」がつくれるか』

（五木田 和也［著］、青木 健太郎［イラスト］、技術評論社、2016）

脳と汎用人工知能の関係についてわかりやすく解説する本です。脳の各部位と人工知能のアルゴリズムを絡めて解説しています。

『メカ屋のための脳科学入門
─脳をリバースエンジニアリングする─』

（高橋 宏知［著］、日刊工業新聞社、2016）

脳の働きを、機械システムの技術者などを対象にわかりやすく解説した本です。脳をハードウェアと捉えて、様々な機能がどのように実装されているのかを解説します。

『ガイドツアー 複雑系の世界：
サンタフェ研究所講義ノートから』

（メラニー・ミッチェル［著］、高橋 洋［翻訳］、紀伊國屋書店、2011）

インターネット、国際経済、意識のような様々な現象の背景にある「複雑系」の世界を概観する教科書的な本です。

『ライフゲイムの宇宙』

（ウィリアム・パウンドストーン［著］、有澤 誠［翻訳］、日本評論社、2003）

セル・オートマトンの一種ライフゲームを通じて、再帰的に生成されるパターンと生命、情報、熱力学、自己組織化などとの関連性を解説します。ライフゲームのルールはシンプルですが、実は世界の仕組みにつながっていることを考えさせられます。

『攻殻機動隊』

（士郎 正宗［著］、講談社、1991）

　日本におけるSFコミックの定番です。ブレイン／マシンインターフェイスを通じて意識がアップロード可能になり、ヒトとAIの境界が曖昧になった未来世界を描いています。1991に出版された作品ですが、脳とAIの接点をかなり詳細に描画しています。

『AIの遺電子』

（山田 胡瓜［著］、秋田書店、2016）

　ヒト、ロボット、ヒューマノイドが共存する近未来を描いたSFコミックです。ヒトと同等のAIの登場により人間の定義はゆらぎつつあり、それにより様々な悩みやトラブルが生まれます。続編の『AIの遺電子　RED QUEEN』では、ヒトのように思考するAIの誕生した背景がより踏み込んで描かれています。

『鉄腕アダム』

（吾嬬 竜孝［著］、集英社、2016）

　ヒトのような感情を持つAIが搭載された戦闘ヒューマノイドの主人公と、彼を創造した科学者のヒューマンストーリーを描くSFコミックです。コミックの合間に様々な未来技術の解説が挟まれているため、AIを含めた科学技術全般への知識欲が刺激されます。

　他にも多くの、脳科学と人工知能の接点を扱った良書が存在します。ぜひ探してみてくださいね。

AP2.2 著書

　参考までに、著者が執筆した他の書籍を紹介します。

『はじめてのディープラーニング―Pythonで学ぶ
ニューラルネットワークとバックプロパゲーション―』

(SBクリエイティブ、2018)

URL https://www.sbcr.jp/product/4797396812/

　この書籍では、知能とは何か？　から始めて、少しずつディープラーニングを構築していきます。人工知能の背景知識と、実際の構築方法をバランスよく学んでいきます。TensorFlowやChainerなどのフレームワークを使用しないので、ディープラーニング、人工知能についての汎用的なスキルが身につきます。

『Pythonで動かして学ぶ！
あたらしい数学の教科書 機械学習・深層学習に必要な基礎知識』

(翔泳社、2019)

URL https://www.shoeisha.co.jp/book/detail/9784798161174

　この書籍は、AI向けの数学をプログラミング言語Pythonと共に基礎から解説していきます。手を動かしながら体験ベースで学ぶので、AIを学びたいけれど数学に敷居の高さを感じる方に特にお勧めです。線形代数、確率、統計/微分といった数学の基礎知識をコードと共にわかりやすく解説します。

『はじめてのディープラーニング2
Pythonで実装する再帰型ニューラルネットワーク, VAE, GAN』

(SBクリエイティブ、2020)

URL https://www.sbcr.jp/product/4815605582/

　本作では自然言語処理の分野で有用な再帰型ニューラルネットワーク（RNN）と、生成モデルであるVAE（Variational Autoencoder）とGAN（Generative Adversarial Networks）について、数式からコードへとシームレスに実装します。実装は前著を踏襲してPython、NumPyのみで行い、既存のフレームワークに頼りません。

AP2.3 Udemyコース

　著者は、世界最大のオンライン教育プラットフォームUdemyでオンライン講座を多数展開しています。人工知能などのテクノロジーについてさらに詳しく学びたい方は、ぜひご活用ください。

- Udemy：講師 我妻 幸長
  URL https://www.udemy.com/user/wo-qi-xing-chang/

AP2.4 YouTubeチャンネル

　著者のYouTubeチャンネルでは、無料の講座が多数公開されています。また、毎週月曜日、21時から人工知能関連のライブ講義が開催されています。

- AIを学ぼう！AIRS-Lab
  URL https://www.youtube.com/channel/UCT_HwlT8bgYrpKrEvw0jH7Q

参考文献

●●●● Chapter1 の参考文献

1. J. Searle, 1980, "Minds, Brains and Programs", *The Behavioral and Brain Sciences*, vol. 3.
2. Kurzweil, Ray (2005), The Singularity is Near, Viking Press

●●●● Chapter2 の参考文献

3. Kazuya Yoshimura, Hajimu Tsurimaki, Tatsuo Motokawa, "Memory of direction of locomotion in sea urchins: effects of nerves on direction and activity of tube feet", Marine Biology volume 165, Article number: 84 (2018)

●●●● Chapter3 の参考文献

4. Alfonso Araque, Vladimir Parpura, Rita P. Sanzgiri, Philip G. Haydon, "Tripartite synapses: glia, the unacknowledged partner", Trends in neurosciences, 22(5), 208-15. (1999)
5. Larry R. Squire, Stuart M. Zola, "Structure and function of declarative and nondeclarative memory systems", PNAS November 26, 1996 93 (24) 13515-13522 (1996)
6. F. Shutoh, M. Ohki, H. Kitazawa, S. Itohara, S. Nagao, "Memory trace of motor learning shifts transsynaptically from cerebellar cortex to nuclei for consolidation", Neuroscience, May 12;139(2):767-77. (2006)
7. Bliss T, Lomo T. "Long-lasting potentiation of synaptic transmission in the dentate area of the anaesthetized rabbit following stimulation of the perforant path", J Physiol 232 (2): 331-56. (1973)
8. Markram, H, Lübke J, Frotscher M, Sakmann, B, "Regulation of synaptic efficacy by coincidence of postsynaptic APs and EPSPs", Science (New York, N.Y.), 275(5297), 213-5. (1997)

9. Kyogo Kobayashi, Shunji Nakano, Mutsuki Amano, DaisukeTsuboi, Tomoki Nishioka, Shingo Ikeda, Genta Yokoyama, Kozo Kaibuchi, Ikue Mori, "Single-Cell Memory Regulates a Neural Circuit for Sensory Behavior", Cell Reports Volume 14, Issue 1, 5 January, Pages 11-21. (2016)

10. Alexis Bédécarrats, Shanping Chen, Kaycey Pearce, Diancai Cai and David L. Glanzman, "RNA from Trained Aplysia Can Induce an Epigenetic Engram for Long-Term Sensitization in Untrained Aplysia", eNeuro 14 May, 5 (3) ENEURO.0038-18. (2018)

11. フィールズ R・ダグラス（著），小西 史朗（監修），小松 佳代子（翻訳），"もうひとつの脳　ニューロンを支配する陰の主役「グリア細胞」"（ブルーバックス），2018年，講談社

●●● Chapter4の参考文献

12. Nagumo J. Arimoto S. and Yoshizawa S. "An active pulse transmission line simulating nerve axon", Proc IRE. 50:2061-2070. (1962)

13. Eugene M. Izhikevich, "Simple Model of Spiking Neurons", IEEE Transactions on Neural Networks 14:1569- 1572 (2003)

14. Kaiming He, Xiangyu Zhang, Shaoqing Ren, Jian Sun, "Deep Residual Learning for Image Recognition", arXiv:1512.03385 (2015)

●●● Chapter5の参考文献

15. ピーター・ゴドフリー＝スミス（著），夏目大（翻訳），"タコの心身問題――頭足類から考える意識の起源"，2018年，みすず書房

16. L. Weiskrantz, "Blindsight: a case study spanning 35 years and new developments", Oxford University Press. (2009)

17. ジュリオ・トノーニ（著），マルチェッロ・マッスィミーニ（著），花本知子（翻訳），"意識はいつ生まれるのか　脳の謎に挑む統合情報理論"，2015年，亜紀書房

18. スタニスラス・ドゥアンヌ（著），高橋 洋（翻訳），"意識と脳――思考はいかにコード化されるか"，2015年，紀伊國屋書店

19. David J. Chalmers, "Facing Up to the Problem of Consciousness (PDF)", Journal of Consciousness Studies 2(3):p. 200-219. (1995)

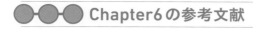
Chapter6の参考文献

20. Eugene M. Izhikevich, Joe A. Gally, Gerald M. Edelman, "Spike-Timing Dynamics of Neuronal Groups", Cerebral Cortex, 14:933-944. (2004)

21. 「京（けい）」を使い10兆個の結合の神経回路のシミュレーションに成功 － 世界最大の脳神経シミュレーション－ URL https://www.riken.jp/pr/news/2013/20130802_2/

22. Wolfram, Stephen. "A New Kind of Science", Wolfram Media. (2002), p. 880

23. John Joseph Hopfield, "Neural network and physical systems with emergent collective computational abilities", Proceedings of the National Academy of Sciences of the United States of America 79 (8): 2554-8. (1982)

24. J. M. Greenberg, S. P. Hastings, "Spatial Patterns for Discrete Models of Diffusion in Excitable Media", SIAM Journal on Applied Mathematics. 54 (3): 515–523. (1978)

25. Joel L. Schiff（著），梅尾 博司（監訳），Ferdinand Peper（監訳），足立 進（翻訳），礒川 悌次郎（翻訳），今井 克暢（翻訳），小松崎 俊彦（翻訳），李 佳（翻訳），"セルオートマトン"，2011年，共立出版，p. 77

26. A. M. Turing, "Computing Machinery and Intelligence", Mind 49: 433-460. (1950)

おわりに

本書を最後まで読んでいただきありがとうございました。

脳科学とAIの接点を学ぶことは21世紀の教養としてとても意義のあることです。「ヒトとは何か」という根源的な疑問に答えるためのヒントを与えてくれるのみではなく、日々発展を続けるテクノロジーが向かうべき指針を与えてくれるようにも思えます。

本書は、Udemyの私が講師をつとめる講座「脳科学と人工知能：シンギュラリティ前夜における、人間と機械の接点」をベースにしています。この講座の運用の経験なしに、本書を執筆することは非常に難しかったと思います。講座を支えていただいているUdemyスタッフの皆様に、この場を借りて感謝を申し上げます。また、受講生の皆様からいただいた多くのフィードバックは、本書を執筆する上で大いに役に立ちました。講座の受講生の皆様にも、感謝を申し上げます。

また、翔泳社の宮腰様には、本書を執筆するきっかけを与えていただいた上、完成へ向けて多大なるご尽力をいただきました。改めてお礼を申し上げます。

皆様の今後の人生において、本書の内容が何らかの形でお役に立てば著者としてうれしい限りです。

2020年12月吉日

我妻 幸長

INDEX

PROFILE 著者プロフィール

我妻 幸長（あづま・ゆきなが）

「ヒトとAIの共生」がミッションの会社、SAI-Lab株式会社の代表取締役。AI関連の教育と研究開発に従事。

東北大学大学院理学研究科修了。理学博士（物理学）。

興味の対象は、人工知能（AI）、複雑系、脳科学、シンギュラリティなど。

世界最大の教育動画プラットフォームUdemyで、様々なAI関連講座を展開し数万人を指導する人気講師。複数の有名企業でAI技術を指導。

エンジニアとして、VR、ゲーム、SNSなどジャンルを問わず様々なアプリを開発。

著書に『はじめてのディープラーニング—Pythonで学ぶ ニューラルネットワークとバックプロパゲーション—』（SBクリエイティブ、2018）、『Pythonで動かして学ぶ！あたらしい数学の教科書 機械学習・深層学習に必要な基礎知識』（翔泳社、2019）、『はじめてのディープラーニング2 Pythonで実装する再帰型ニューラルネットワーク,VAE,GAN』（SBクリエイティブ、2020）など。

著者のYouTubeチャンネルでは、無料の講座が多数公開されている。

Twitter: @yuky_az
SAI-Lab: https://sai-lab.co.jp

装丁・本文デザイン	大下 賢一郎
装丁写真	iStock / -strizh-
DTP	株式会社シンクス
校正協力	佐藤弘文

あたらしい脳科学と人工知能の教科書

2021年1月25日　初版第1刷発行

著　者	我妻 幸長（あづま・ゆきなが）
発行人	佐々木幹夫
発行所	株式会社翔泳社（https://www.shoeisha.co.jp）
印刷・製本	株式会社ワコープラネット

©2021 Yukinaga Azuma

ISBN978-4-7981-6495-3　Printed in Japan